Kevin Odida

Relatório do inquérito sobre o clima das empresas agrícolas e do investimento no Quénia

Kevin Odida

Relatório do inquérito sobre o clima das empresas agrícolas e do investimento no Quénia

Imprint

Any brand names and product names mentioned in this book are subject to trademark, brand or patent protection and are trademarks or registered trademarks of their respective holders. The use of brand names, product names, common names, trade names, product descriptions etc. even without a particular marking in this work is in no way to be construed to mean that such names may be regarded as unrestricted in respect of trademark and brand protection legislation and could thus be used by anyone.

Cover image: www.ingimage.com

This book is a translation from the original published under ISBN 978-620-2-31280-6.

Publisher:
Sciencia Scripts
is a trademark of
Dodo Books Indian Ocean Ltd. and OmniScriptum S.R.L publishing group

120 High Road, East Finchley, London, N2 9ED, United Kingdom
Str. Armeneasca 28/1, office 1, Chisinau MD-2012, Republic of Moldova, Europe
Printed at: see last page
ISBN: 978-620-7-94806-2

ABIC	Agricultural Business and Investment Climate
ASCU	Agricultural Sector Co-ordination Unit
BDS	Business Development Services
BMO	Business Membership Organizations
CBA	Cost Benefit Analysis
GIZ	German International Cooperation (Gesellschaft für Internationale Zusammenarbeit)
GTZ	German Technical Cooperation (Gesellschaft für Technische Zusammenarbeit)
KfW	German Financial Cooperation
KLBO	Kenya Livestock Breeders Organization
MBFO	Membership-based Financial Organizations
MBS	Management & Business Skills
MI	Market Information
PSDA	Promotion of Private Sector Development in Agriculture

1. Introdução

Em 2010, o programa da GTZ "Desenvolvimento do Setor Privado na Agricultura (PSDA)" desenvolveu e testou o Inquérito às Empresas Agrícolas e ao Clima de Investimento (ABIC) em cooperação com a Unidade de Coordenação do Setor Agrícola (ASCU).

Este inquérito foi repetido em 2013 para conhecer as mudanças no clima das empresas agrícolas e do investimento no Quénia.

2. Abordagem e objectivos

Os empresários do sector agrícola têm de calcular e avaliar as opções comerciais quase diariamente. Os produtores, transformadores e comerciantes em todos os tipos de cadeias de valor de géneros alimentícios e produtos de base têm de decidir se compram ou vendem a um determinado preço, se empregam mão de obra ou não, se investem em novas linhas de produção ou se utilizam melhor as existentes.

Este conjunto de decisões económicas, ou mais especificamente os factores que influenciam estas decisões, é muitas vezes referido como o ambiente propício ou o quadro macroeconómico. Para efeitos do presente estudo, centrar-nos-emos no que designamos por clima empresarial e de investimento agrícola, que definimos como o conjunto de factores que o sector privado considera favorecer ou dificultar os empresários que investem e fazem negócios no sector agrícola.

A repetição do inquérito sobre o clima empresarial e de investimento na agricultura (ABIC) tem dois objectivos:

1. Desenvolvimento de informação actualizada (2013) sobre os incentivos/desincentivos às empresas e ao investimento no sector agrícola, na perspetiva do sector privado.
2. Comparar os resultados dos dois inquéritos de 2010 e 2013 para identificar as mudanças no clima empresarial e de investimento na agricultura no Quénia.

3. Metodologia

3.1 Conteúdo/estrutura

O quadro do inquérito ABIC é composto por seis domínios principais:

1. Sistema de produção, incluindo factores de produção, riscos externos e capacidades de gestão.

2. Comercialização, incluindo o acesso ao mercado, a concorrência e a informação sobre o mercado.

3. Acesso a produtos financeiros adequados.

4. Estabilidade macroeconómica e política.

5. Prestação de serviços, incluindo infra-estruturas e serviços públicos.

6. Regulamentação/administração e enquadramento jurídico.

3.2 Metodologia

O mesmo questionário que foi desenvolvido para o inquérito de 2010 foi utilizado para registar os resultados.

Foram acrescentadas algumas questões novas, nomeadamente no domínio das relações entre os sectores público e privado.

Nos questionários, os inquiridos tiveram a oportunidade de classificar as questões/factores individuais numa escala de 1 (nada problemático) a 5 (muito problemático).

Fig. 1: Exemplo de questionário

Area	Production system						
	Is the ... a problem to do business and investments?		1	2	3	4	5
Category	*input factors*						
Factors	1	Access to breeds, seeds and planting materials					
	2	cost of breeds, seeds and planting materials					
	3	Quality of breeds, seeds and planting materials					

Foi feita uma tentativa de inquirir as mesmas associações e organizações privadas que em 2010, mas verificou-se que nem todas estão ainda activas. O grupo foi alargado e foram incluídas algumas novas associações e organizações privadas para melhor representar o sector agrícola. Além disso, não foi possível identificar com exatidão as associações participantes de 2010 e fazê-las corresponder a resultados claros. Por este motivo, não foi possível analisar as mudanças no clima empresarial na agricultura para as associações individuais, mas apenas globalmente. Os questionários foram enviados por correio eletrónico para as associações identificadas no primeiro inquérito. As associações adicionais foram reunidas pessoalmente e familiarizadas com o inquérito e os questionários. As associações devolveram os questionários preenchidos para recolha de dados, análise de dados, apresentação e interpretação dos resultados finais do inquérito. 14 das 20 organizações selecionadas participaram no inquérito e devolveram os questionários.

Quadro 1: Lista das organizações que receberam questionários

NO:	Questionnaire sent out 2013	Replied
1	Lake Victoria Tilapia Fish and Traders Association	0
2	Kenya Fish Processors and Exporters Association (AFIPEK)	X
3	Dairy Goat Association Kenya (DGAK) Nyeri	X
4	DGAK Western	x
5	Kenya National Potato Farmers Association KENAPOFA	X
6	Fruit Tree Nursery Association Kenya (FTNOAK)	X
7	Meru Dairy Goat Breeders Association	0
8	Rongo Horticulture Farmers Association	0
9	Bungoma butcher association	X
10	VRDC	X
11	Kenya Farmer Association (KENFAP)	0
12	Kenya Livestock Breeders Organisation (KLBO)	X
13	Kenya Livestock Producers Association (KLPA)	X
14	Good Neighbours (Zippy)	X
15	Kenya Tea Development Agency (KTDA)	0
16	Kabondo Sweet Potato Co-operative society	X
17	Kioru-Giaki Multipurpose Cooperative Society	X
18	LGS (Livestock Genetics Society Kenya)	X
19	Kutus East Irrigation Co-op Society	X
20	Githunguri Dairy Cooperative	0

O teste de Mann-Whitney foi utilizado para a análise. O teste de Mann-Whitney é um teste não paramétrico que compara os valores médios de duas amostras. O teste de Mann-Whitney pode ser utilizado para analisar duas populações de dados diferentes, por exemplo, resultados de desempenho de duas linhas de produção diferentes ou respostas a inquéritos a clientes que foram recolhidas antes e depois da implementação de uma melhoria de processo.

Os dados foram analisados através do cálculo de valores medianos para os diferentes conjuntos de dados. Isto foi feito para permitir uma comparação do desempenho entre os anos 2010 e 2013 nas diferentes secções ou departamentos onde o inquérito foi realizado. Os valores medianos são fáceis de calcular, dão uma boa impressão visual e podem ser facilmente interpretados.

4. Resultados do inquérito da ABIC

É apresentada uma panorâmica dos resultados de acordo com as seguintes categorias:

1. Sistema de produção/transformação.

2. Mercados / oportunidades de comercialização.

3. sistema financeiro.

4. Estabilidade macroeconómica e política.

5. Infra-estruturas e serviços públicos.

6. Regulamentação/ Administração/ Ambiente jurídico.

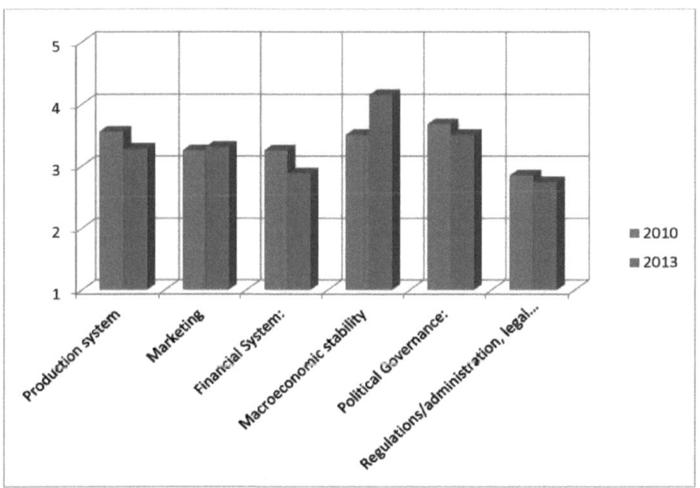

Fig. 2: Resultados médios dos 6 grupos principais

O valor médio foi utilizado para comparar os principais grupos, tendo já sido utilizado no relatório de 2010.

Uma diminuição dos valores indica uma melhoria (1 (não problemático) a 5 (muito problemático) no grupo. Registam-se melhorias nos seguintes grupos principais: sistema de produção, sistemas financeiros, liderança política e regulamentação/administração/ambiente jurídico. O grupo principal Marketing apresenta apenas um ligeiro declínio e o grupo principal Estabilidade Macroeconómica apresenta um declínio significativo.

4   .1 Sistema de produção/transformação

Esta secção é composta por três categorias, nomeadamente

- Factores de entrada.

- Riscos externos de produção e administração.

- Conhecimentos de gestão e de negócios dos agricultores.

Fig. 3: Teste Mann-Whitney para a categoria principal: Sistemas de

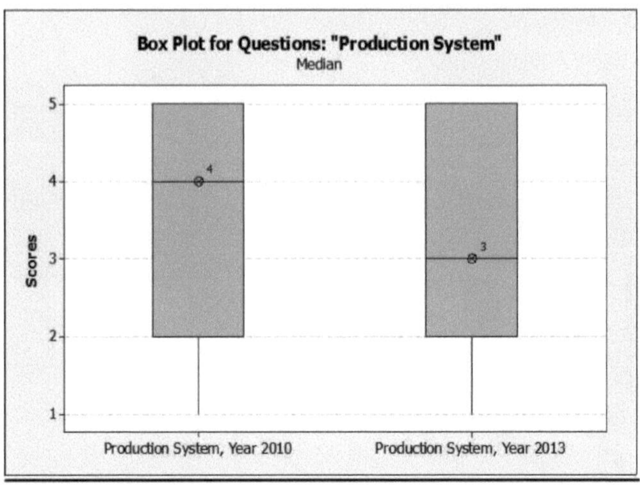

produção/transformação

	CategoriaNMediana
Sistema de produção,	ano 20102714.0
Sistema de produção,	ano 20133023.0
Teste para ETA1 = ETA2 vs. ETA1 não = ETA2 é significativo a 0,2035	

Conclusão:

Em geral, a diminuição do valor mediano de 4,0 em 2010 para 3,0 em 2013 mostra que o sistema de produção dos agricultores, tal como reflectido nos factores medidos, melhorou.

4. 1. 1 Factores de entrada

Os factores de produção mais importantes tidos em conta incluem

- Acessibilidade às raças/sementes.
- Custos das raças/sementes.
- Qualidade das raças/sementes.
- Acessibilidade à terra.
- Tamanho do terreno.
- Qualidade do solo.

- Custos de manutenção do imóvel.
- Acessibilidade ao combustível.
- Acessibilidade a outros factores de entrada.
- Acessibilidade às máquinas.
de produção
- Custos das máquinas.
factores de produção
- Acessibilidade ao mercado de trabalho.

- Custos de mão de obra.
- Qualidade do trabalho.

- Custos dos outros factores
.
- Qualidade de   outros
.

Fig. 4: Teste de Mann-Whitney para os subgrupos: Factores de entrada

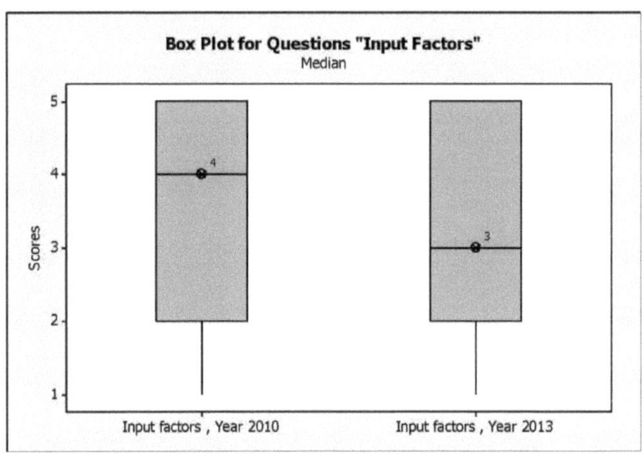

CategoriaNMediana
Factores de entrada, ano 2010 1454   .0
Factores de entrada, ano   20131603.0
O teste para ETA1 = ETA2 vs. ETA1 não = ETA2 é significativo a 0,2388

Os maiores desafios:

Custos de combustível (3.5).
factores de produção
Custos de outros factores de produção (3.8).
Custos da máquina (3.0).
adicionais

- Acessibilidade a outros

(3.2).
- Qualidade dos factores

(3.6).

Conclusões

Os factores de produção representam todos os factores de que os agricultores necessitam para a produção agrícola, incluindo maquinaria, mão de obra, sementes/raças e material de plantação. Os inquiridos indicaram os custos dos factores de produção os factores de produção e os custos de combustível são os principais desafios, como mostra a elevada classificação. As dificuldades encontradas conduzem a uma baixa produção.

O inquérito revelou que os agricultores tiveram melhor acesso aos factores de produção em 2013 do que em 2010, uma vez que o valor mediano em 2010 foi de 4,0, enquanto em 2013 foi de 3,0.

4.1.2. Riscos externos

Os factores considerados nesta secção incluem

- Frequência de pragas e doenças. secas
- Custos com pragas e doenças.
- Acessibilidade para pragas/doenças .

Proteção.

- Frequência de secas/inundações.

- Custos   de e inundações   .
- Frequência do crime.
- Custo do   crime

- Custos de controlo das infracções penais.

Fig. 5: Teste Mann-Whitney para o subgrupo: Riscos externos

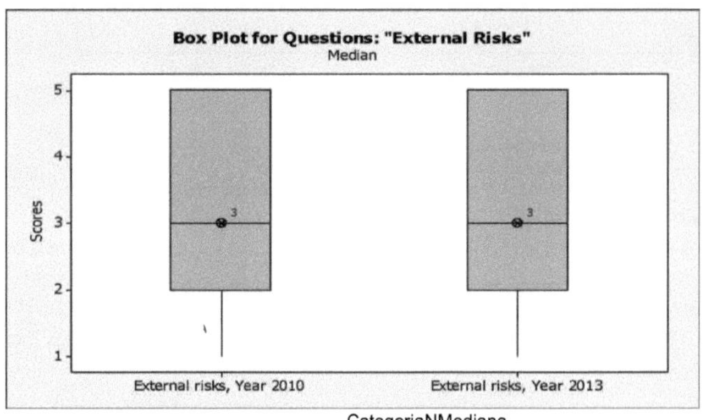

CategoriaNMediana
Riscos externos,   ano 2010933 .0
Riscos externos,   ano20131063   .0
O teste para ETA1 = ETA2 vs. ETA1 não = ETA2 é significativo a 0,617

Principais desafios

- Custos com pragas e doenças (4.1).   Custos de proteção contra
pragas e doenças

Conclusões

Os riscos externos conduzem geralmente a uma baixa produção por parte dos agricultores. Isto deve-se ao facto de os agricultores não estarem conscientes, dispostos ou capazes de investir na proteção contra pragas e doenças. As elevadas taxas de criminalidade e o aumento dos custos de controlo conduzem sempre a perdas elevadas. As culturas gravemente afectadas por pragas e doenças são geralmente abandonadas pelos agricultores/investidores devido ao elevado risco e às elevadas taxas de juro cobradas pelas instituições de crédito.

No inquérito realizado, o valor mediano dos riscos externos permaneceu o mesmo tanto em 2010 como em 2013, com 3,0. Os valores indicam que o controlo dos riscos externos pelos agricultores/respondentes no inquérito não melhorou. Os riscos de doenças e pragas estão entre os riscos mais elevados que os agricultores podem influenciar em grande medida através de medidas preventivas. Os serviços de extensão inadequados e o acesso insuficiente aos factores de produção necessários aos agricultores podem ser controlados através da formação dos agricultores. A vulnerabilidade aos riscos externos pode ser minimizada através de seguros.

4.1.3. Competências de gestão e empresariais

Os principais pontos focais desta secção incluíam

Gestão da capacidade da empresa em geral.

Gestão das capacidades comerciais para a criação de uma empresa.

Gestão das capacidades empresariais para a expansão das actividades comerciais.

Fig. 6: Teste Mann-Whitney para o subgrupo: Competências de gestão e comerciais

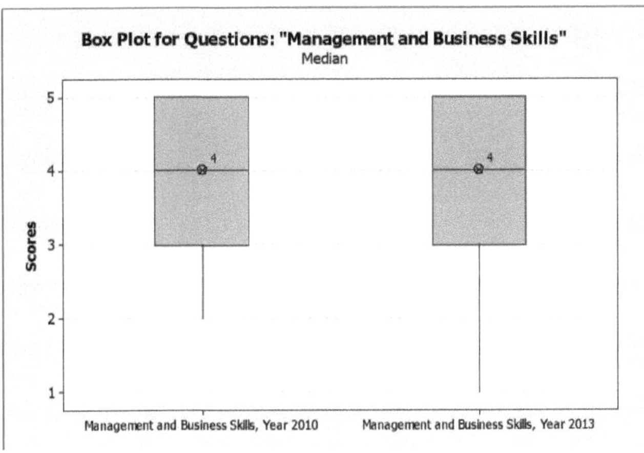

Competências de gestão e empresariais	,	2010324.0
Competências empresariais e de gestão	,	2013364.0

Teste para ETA1 = ETA2 vs. ETA1 não = ETA2 é significativo a 0,9425

Conclusão

De acordo com as respostas dos inquiridos, esta é geralmente a área mais difícil em todo o sector agrícola. As respostas poderiam ter sido dadas por inquiridos não qualificados, porque esta é a área em que o PSDA e as suas actividades de reforço das capacidades investiram a maior parte dos seus esforços. A maioria dos agricultores que trabalham em diferentes áreas da agricultura carece de competências de gestão e de negócios.

Estas competências influenciam a capacidade do agricultor para tomar decisões importantes em matéria de contabilidade de custos, previsão de lucros, identificação do mercado e controlo da produção. Os agricultores necessitam de competências gerais de gestão e de negócios, como a análise custo-benefício e a contabilidade, para otimizar a produção.

Neste inquérito, a mediana do cálculo para os anos 2010 e 2013 permanece a mesma (4,0), o que significa que não houve nenhuma mudança óbvia nas competências de gestão e de negócios dos agricultores. Este desafio foi abordado através da criação de organizações de agricultores, como o KENFAP, para melhorar a produção dos agricultores, o acesso ao mercado e o acesso ao financiamento de instituições financeiras/crédito.

4.2 Mercados e oportunidades de comercialização

Esta secção abrange três domínios, nomeadamente o acesso ao mercado, a concorrência/estrutura do mercado e a informação sobre o mercado. Como mostram os valores medianos para ambos os anos (4,0), não houve alterações no domínio da comercialização, como indicam os resultados do inquérito. Isto indica que não foram sentidas e aparentemente realizadas grandes mudanças neste domínio.

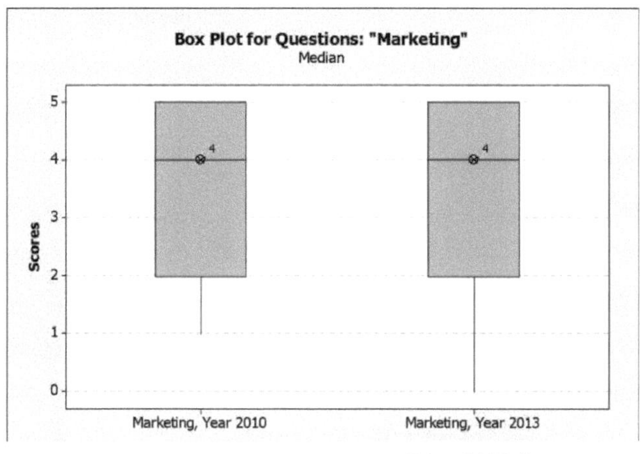

CategoriaNMediana

Marketing, ano   20103504.0

Marketing, ano   20134084.0

O teste para ETA1 = ETA2 vs. ETA1 não = ETA2 é significativo a 0,9312

4.2.1. Acesso ao mercado

Os factores mais importantes considerados nesta secção incluem

Perdas durante o transporte   ▪ Qualidade do produtor

     Taxas de financiamento/pagamentosAssociações/organizações

Informações   sobre partituras e   ▪

     Fornecimento das cooperativas de produção

     Normas   ▪ Acesso a cooperativas de produção

Cumprimento   das notas e ▪   Custos de adesão à cooperativa

     Normas   ▪ Acessibilidade para intermediários

Oferta do fabricante   ▪ Custos dos intermediários

     Associações/Organizações   ▪ Qualidade dos intermediários

Acesso ao produtor   ▪ Possibilidade de agricultura por contrato

     Organizações/Associações   ▪ Acessibilidade à agricultura sob contrato

Custos de adesão ao fabricante   ▪ Falta de fiabilidade da agricultura sob contrato

Organizações/Associações
mercados de exportação

- Acessibilidade dos

  Requisitos para o controlo
  de doenças

Fig. 8: Teste Mann-Whitney para o subgrupo: Acesso ao mercado

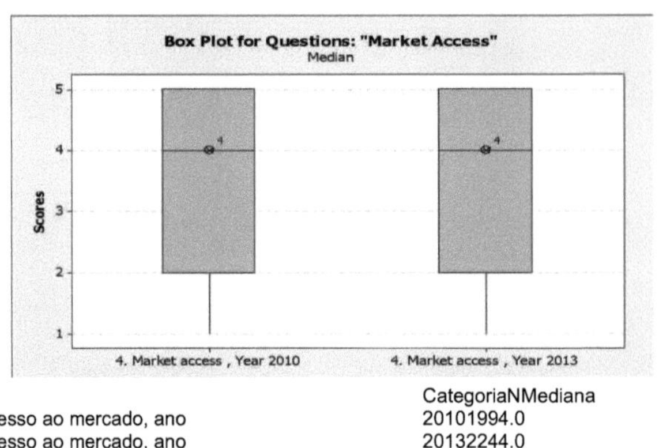

CategoriaNMediana
Acesso ao mercado, ano   20101994.0
Acesso ao mercado, ano   20132244.0
O teste para ETA1 = ETA2 vs. ETA1 não = ETA2 é significativo a 0,6465

Principais desafios

Requisitos para o controlo de doenças (5.0).
do mercado

Qualidade

. Acesso (3,7).

A falta de fiabilidade da agricultura sob contrato

(3.(8)

- Requisitos para o acesso à exportação

  Mercados (3.6).

(3.4).

- Custos para os intermediários (3.3).
- Informações sobre notas e

  normas (3.9).

- Taxas e outros pagamentos

  dos intermediários (4,0)

- Taxas e pagamentos para

  Transporte   (3.4).
- Oferta do fabricante

  associações/organizações

Conclusões

O acesso ao mercado é geralmente necessário após a fase de produção. Para o efeito,

os agricultores podem vender os seus produtos nos mercados locais e internacionais

ou a comerciantes ou intermediários. Os produtores podem também juntar-se em

organizações de agricultores, cooperativas ou indústrias. O inquérito mostra que os agricultores enfrentam os desafios acima referidos. Para melhorar a situação, são necessários custos elevados para o controlo de doenças e pragas, a organização e o pagamento da logística, os pagamentos pelo acesso ao mercado e também as taxas. Os atrasos na entrega das mercadorias no mercado conduzem a uma deterioração da qualidade dos produtos. A falta de fiabilidade e a ineficácia das cooperativas e associações de produção não contribuem para melhorar o acesso dos agricultores aos mercados.

De acordo com o inquérito, o valor mediano é o mesmo para 2010 e 2013 (4,0). Isto

significa uma ligeira melhoria na acessibilidade ao mercado para os agricultores. No

âmbito do programa da GIZ, o Kfw formou empresas hortícolas em Mitunguu (região

do Monte Quénia) nas áreas do acesso ao mercado e do desenvolvimento

organizacional. Além disso, são concedidos empréstimos com juros baixos aos

pequenos agricultores para que possam adquirir factores de produção agrícola e

aumentar a sua produtividade.

4. **2.2 Concorrência no mercado/estrutura do mercado**
Os factores mais importantes analisados nesta secção incluem

- Viabilidade do concurso através de semi-públicas.

  fornecedores locais.
- Número de fornecedores locais.
concorrência através de
- Qualidade dos fornecedores locais.
- Estado de intervenção nos mercados.

- O papel das organizações

Política de preços do governo.
- Viabilidade da

  importação.

Fig. 9: Teste Mann-Whitney para o subgrupo: Concorrência no mercado/estrutura do mercado

CategoriaNMediana		
Concorrência/estrutura do mercado ,	ano2010652	.0
Concorrência/estrutura do mercado ,	ano2013783	.0

O teste para ETA1 = ETA2 vs. ETA1 não = ETA2 é significativo a 0,3346

.

Principais desafios

- Política de preços da (3.4).

intervenções nos mercados (3.1).

das instalações semi-públicas (3,0) e a qualidade dos fornecedores (3,0).

Conclusões

A estrutura do mercado abrange os aspectos da procura e da oferta nos mercados onde os produtos dos agricultores são vendidos. A estrutura do mercado não é uma questão muito problemática em comparação com as outras categorias. Em geral, a concorrência no mercado é muito baixa, como indicado pelo inquérito, em que a pontuação mediana foi de 2,0 em 2010 e de 3,0 em 2013, o que sugere que os inquiridos consideraram que houve uma mudança desfavorável na estrutura do mercado.

Os agricultores podem produzir produtos em bruto e armazená-los para serem comercializados quando a procura aumentar. O governo deve intervir nos mercados para assegurar uma comercialização sem problemas, através do controlo dos impostos e da manutenção de normas para os produtos a vender. Os preços dos produtos de base fixados pelo governo devem garantir que os agricultores obtenham preços razoáveis pelos seus produtos, a fim de assegurar a continuidade da produção.

4.2.3. Informações sobre o mercado

Os factores mais importantes considerados nesta secção incluem

- Fixação geral de preços.
sobre
- Acesso à informação sobre os preços e
consumidores.
- Prestação de informações sobre os preços.
informações aos consumidores
- Acesso à informação sobre a procura.
- Custo da informação sobre a procura.
necessárias.
- Acesso à informação sobre as preferências dos consumidores.

-

Prestação de informações

as preferências dos

- Custo da prestação de

preferências.
- Outras informações

Fig. 10: Teste Mann-Whitney para o subgrupo: Informação sobre o mercado

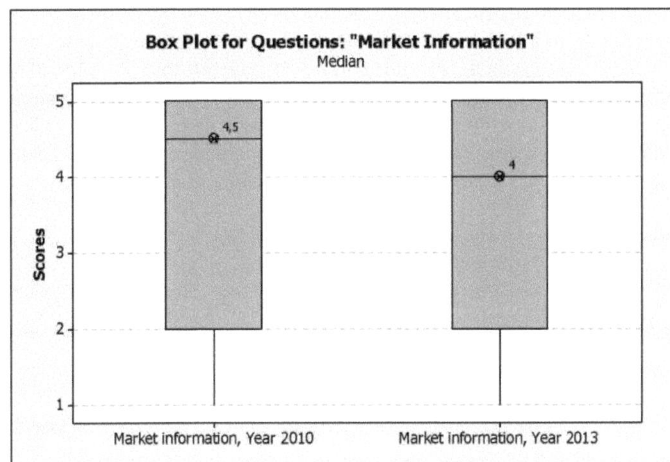

CategoriaNMediana
Informação de mercado, ano 2010844.5
Informação de mercado, ano 20131044.0
O teste para ETA1 = ETA2 vs. ETA1 não = ETA2 é significativo a 0,4918

Principais desafios

Fixação de preços em geral (3.8).
sobre os preços

Acesso à informação sobre os preços

(3.(8)
sobre

Prestação de informações

(3.7).

Prestação de informações

Acesso à informação sobre as preferências dos
consumidores (3.5).
    Procura (3.8).

Acesso à informação sobre
Preferências dos
consumidores

Conclusão

A informação sobre o mercado (IM) e a fixação geral dos preços são alguns dos
maiores desafios da comercialização. A informação de mercado refere-se à informação
sobre preços, procura e oferta em todos os mercados do sector agrícola para todos os
produtos em todas as fases de transformação. Os agricultores carecem de informações
sobre a procura, a oferta e os preços para encontrar mercados rentáveis. O inquérito
mostra que a pontuação mediana para a informação de mercado foi (4,5) em 2010 e
(4,0) em 2013.

Isto indica uma ligeira melhoria na acessibilidade/fornecimento de informações
sobre o mercado. A informação sobre o mercado permite aos agricultores efetuar
análises/cálculos de custo-benefício e estimar os lucros e as despesas. As
informações sobre a procura e os preços dos diferentes produtos ou fases de
transformação são igualmente insuficientes. A falta de informação adequada para os
agricultores resulta em excesso de oferta em alguns mercados e em escassez de
certos produtos de base noutros. Isto deve-se ao facto de os agricultores não
saberem onde está a procura de certos produtos que podem gerar lucros elevados,
porque os custos e os lucros não podem ser corretamente estimados/controlados.

4.3. Sistemas financeiros

O sistema financeiro foi avaliado nas secções seguintes:

- Acesso a   empréstimos a preços acessíveis   .
- Acesso a   contas de poupança.
- Outros recursos financeiros   .

- Seguro.

Fig. 11: Teste Mann-Whitney para a pergunta Categoria principal: Sistema

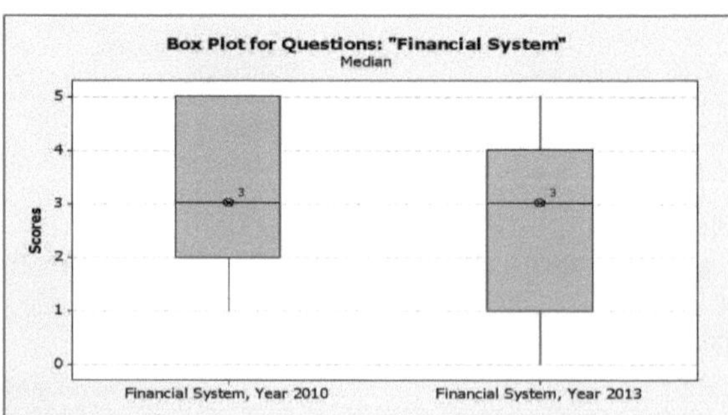

financeiro

CategoriaNMediana
Sistema financeiro, ano   20101703.0
Sistema financeiro, ano   20132123.0
Teste para ETA1 = ETA2 vs. ETA1 não = ETA2 é significativo a 0,1201

Conclusão

No período 2010-2013, os inquiridos não se aperceberam de quaisquer alterações nos sistemas financeiros, como mostra a mediana constante de (3,0) tanto para 2010 como para 2013. Em geral, e em comparação com outros factores analisados, este é um desempenho satisfatório do sector financeiro em termos de prestação de serviços aos agricultores. Uma vez que a ASDP começou a apoiar sistematicamente o sistema financeiro relativamente tarde (2013), não se poderia esperar qualquer impacto específico das medidas da ASDP.

4.3.1. Acesso a empréstimos a preços acessíveis

Os factores mais importantes considerados nesta secção incluem

- Importância dos empréstimos a preços acessíveis.
- Desafios no acesso a empréstimos.
- Percentagem de membros com crédito adequado.
- Distância até ao banco mais próximo.
- Taxa de juro.
- Requisitos para a obtenção de empréstimos.
- Condições/prazo de reembolso do empréstimo.

Fig. 12: Teste Mann-Whitney para o subgrupo: Acesso ao crédito a preços acessíveis

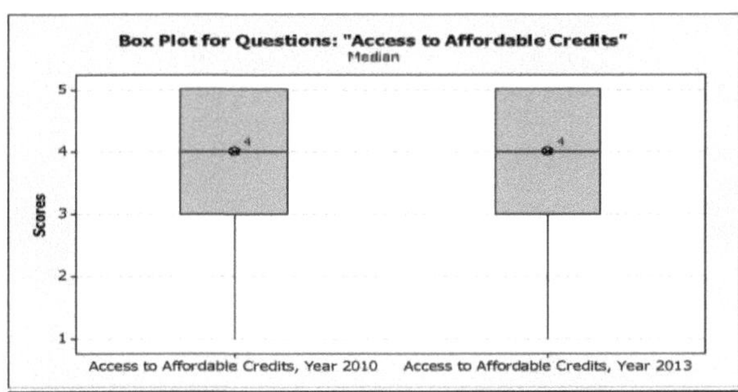

CategoriaNMediana
Acesso a crédito a preços acessíveis, ano   2010434.0
Acesso a crédito a preços acessíveis, ano   2013484.0
O teste para ETA1 = ETA2 vs. ETA1 não = ETA2 é significativo a 0,6193

Principais desafios

- Montante da taxa de juro (4.1).
- Acesso a crédito a preços acessíveis (4.2).
- Condições para a obtenção de um empréstimo (3.9).
- Viabilidade do empréstimo/condições de reembolso (3.5).

Conclusão

Esta secção trata das condições em que os agricultores têm acesso ao crédito. O nível das taxas de juros, a falta de acesso ao crédito a preços acessíveis e a viabilidade do crédito são os principais desafios enfrentados pelos agricultores. Os bancos evitam conceder crédito/empréstimos a empresários informais que não conseguem convencer as instituições financeiras da sua solvabilidade. Devido aos numerosos riscos envolvidos, os bancos exigem taxas de juro elevadas e prazos de pagamento curtos.

A pontuação mediana para o acesso ao crédito a preços acessíveis permanece a mesma no inquérito de 2010 e 2013 (4,0) e não mostra qualquer melhoria. Em geral, as opções de mercado e os riscos elevados aumentam o custo do acesso ao crédito. O sistema financeiro não é, aparentemente, suficientemente flexível para se adaptar às circunstâncias especiais do sector agrícola não favorável aos agricultores.

4.3.2. Acesso a contas de poupança

Os factores mais importantes considerados nesta secção incluem

- A importância das contas de poupança.

- Percentagem de membros com contas de poupança.

- Distância até à instituição de poupança mais próxima.

- Acesso a uma conta bancária/poupança.

Fig. 13: Teste Mann-Whitney para o subgrupo: acesso a contas de poupança

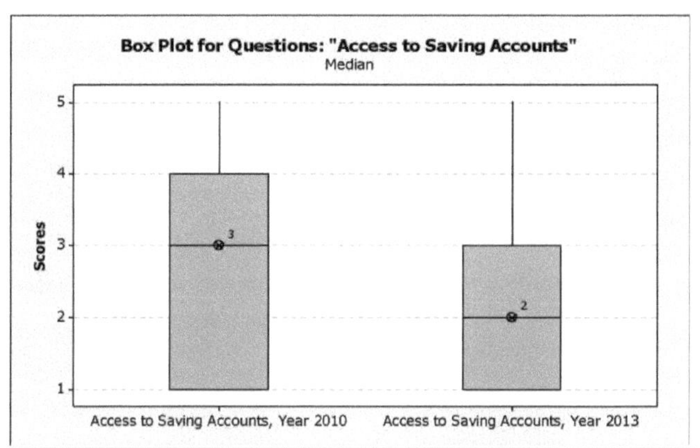

CategoriaNMediana
Acesso a contas de poupança, ano   2010323 .0
Acesso a contas de poupança, ano   2013312 .0
O teste para ETA1 = ETA2 vs. ETA1 não = ETA2 é significativo a 0,3752

Principais desafios

O acesso às contas de poupança está geralmente ligado às condições que os

agricultores devem cumprir para terem acesso às contas de poupança. No inquérito, a

pontuação mediana para o acesso a contas de poupança em 2010 é (3,0), enquanto

em 2013 é (2,0). O PSDA criou o Fundo de Garantia de Risco em colaboração com o

Equity Bank. No âmbito deste programa, os agricultores são aconselhados pela PSDA a

contrair empréstimos junto do Equity Bank para financiar as suas actividades. Em caso

de catástrofes, como a quebra de colheitas, os fundos são utilizados para cobrir os

custos e os agricultores não têm de pagar quaisquer taxas.

4.3.3. Outros recursos financeiros

Os factores que são tidos em conta neste domínio incluem

- Importância de outras finanças Acessibilidade
  ressourcen.

a outras finanças
ressourcen.

de membros que
para
    outros recursos financeiros.
    para os investidores diretos.
concedidos por

- Viabilidade das condições

  MBFOs.
- Acesso a empréstimos

Fig. 14: Teste Mann-Whitney para o subgrupo: Outros recursos financeiros

CategoriaNMediana

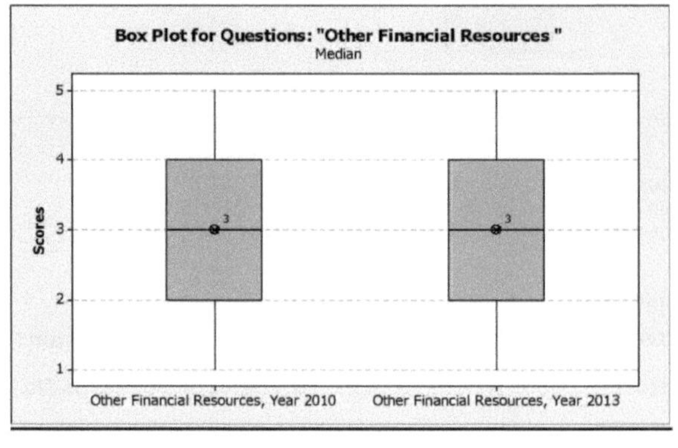

Outros recursos financeiros,   ano2010623   .0
Outros recursos financeiros,   ano2013923   .0
O teste para ETA1 = ETA2 vs. ETA1 não = ETA2 é significativo a 0,9105

Principais desafios

e processadores (3.5).

    para os investidores diretos (3.4).

Conclusão
Esta secção analisa todos os recursos financeiros alternativos disponíveis para os
agricultores obterem crédito e poupanças. Os recursos financeiros, tais como
investimentos diretos e comerciantes/processadores, não são comuns no sector
agrícola para os pequenos agricultores e são, portanto, altamente classificados no
inquérito. No inquérito, a pontuação mediana para outros recursos financeiros é a
mesma tanto em 2010 como em 2013 (3,0), não mostrando qualquer melhoria no
acesso a outros recursos financeiros.

4.3.4. Seguros

Esta secção centra-se nos seguintes domínios:

- A importância dos seguros
seguros
- Existência de apólices de seguro

- A acessibilidade aos

- Custo dos seguros

Fig. 15: Teste Mann-Whitney para o subgrupo: companhias de seguros

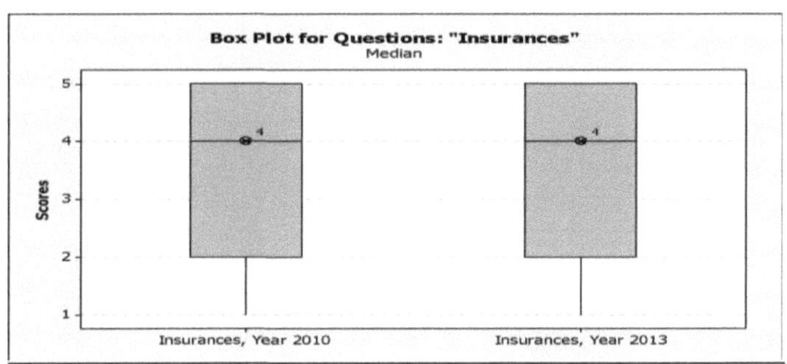

		CategoriaNMediana
Seguros,	ano2010734	.0
Seguros,	ano2013804	.0

Teste para ETA1 = ETA2 vs. ETA1 não = ETA2 é significativo a 0,7410

Principais desafios

- Custo do seguro (2.8).   Existência de seguro
(2.6).

- Acesso aos seguros (2.3).

Conclusão

A secção "Seguros" foi incluída no inquérito para avaliar a capacidade de abordar a vulnerabilidade dos produtos agrícolas a riscos externos, como secas, inundações, pragas e doenças. Os resultados do inquérito mostram que a cobertura de seguros no sector agrícola é ainda inadequada devido ao elevado custo e à inacessibilidade dos serviços de seguros. Neste inquérito, a pontuação mediana para os seguros permanece a mesma tanto para 2010 como para 2013 (4,0), mostrando que não há melhorias na utilização dos serviços de seguros pelos agricultores.

A utilização de serviços de seguros poderia minimizar os riscos externos a que os agricultores estão expostos e, assim, estabilizar a produção, o rendimento e a vontade dos agricultores de investir em factores de produção. As insuficientes competências agrícolas dos agricultores e os baixos lucros dificultam às seguradoras a oferta de serviços aos agricultores a custos mais baixos.

4.4. Estabilidade macroeconómica

Os factores mais importantes analisados nesta secção incluem

- Montante da taxa de inflação.
- Nível da taxa de câmbio.
- Volatilidade da taxa de inflação.
- Volatilidade da taxa de câmbio.

Fig. 16: Teste Mann-Whitney para a categoria principal da pergunta: Estabilidade macroeconómica

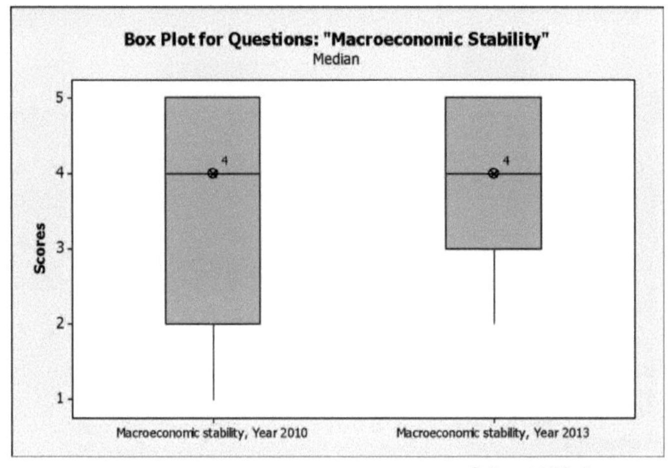

	CategoriaN	Mediana
Estabilidade macroeconómica,	ano 2010	444.0
Estabilidade macroeconómica,	ano 2013	454.0

Teste para ETA1 = ETA2 vs. ETA1 não = ETA2 é significativo a 0,0431

Principais desafios
- Nível da taxa de câmbio (3.6)
- Taxa de inflação (4.5)

Conclusões

No presente inquérito, a estabilidade macroeconómica depende do nível e da volatilidade da inflação e das taxas de câmbio. O valor mediano da estabilidade macroeconómica é constante tanto em 2010 como em 2013 (4,0), o que não revela qualquer melhoria. Uma taxa de inflação elevada afecta os preços dos produtos de base e torna os lucros imprevisíveis. Uma taxa de inflação elevada também aumenta as taxas de empréstimo, reduzindo assim os incentivos ao investimento a longo prazo. O inquérito indica uma ligeira melhoria da política monetária devido à estabilidade da inflação e das taxas de câmbio nos últimos anos.

4.5. Boa governação política

A secção sobre liderança política está dividida em:

- Estabilidade política.
- Infra-estruturas fornecidas.
- Serviços alargados.
- Serviços de desenvolvimento empresarial.
- Apoio financeiro do governo.

Evidentemente, os inquiridos neste inquérito não experimentaram mudanças positivas significativas na liderança política, como indicado pela mesma pontuação mediana de (4,0) tanto para 2010 como para 2013. A nova constituição do Quénia promove a distribuição equitativa dos recursos nacionais a todos os condados através da descentralização e visa assegurar um desenvolvimento regional equilibrado no país.

Fig. 17: Teste Mann-Whitney para a categoria principal da

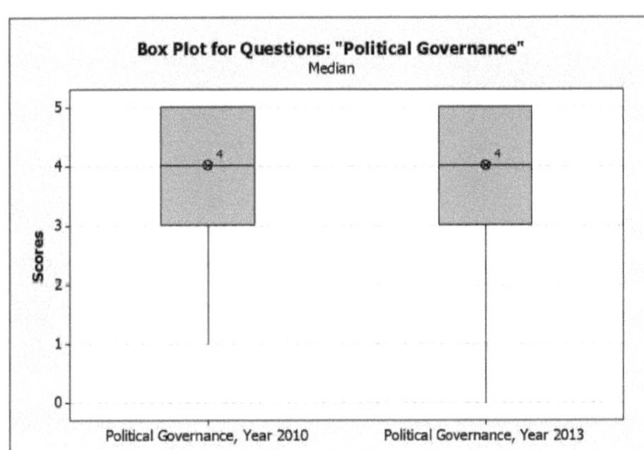

pergunta: Liderança política

CategoriaNMediana
Controlo político, ano   20104344.0
Controlo político, ano   20135124.0
O teste para ETA1 = ETA2 vs. ETA1 não = ETA2 é significativo a 0,5363

4.5.1. Estabilidade política

Nesta secção, foram tidos em conta os seguintes factores:

Incerteza   sobre as mudanças políticas.

Falta de   fiabilidade na política.

Falta de   transparência na política.

em geral.

Fig. 18: Teste Mann-Whitney para o subgrupo: Estabilidade política

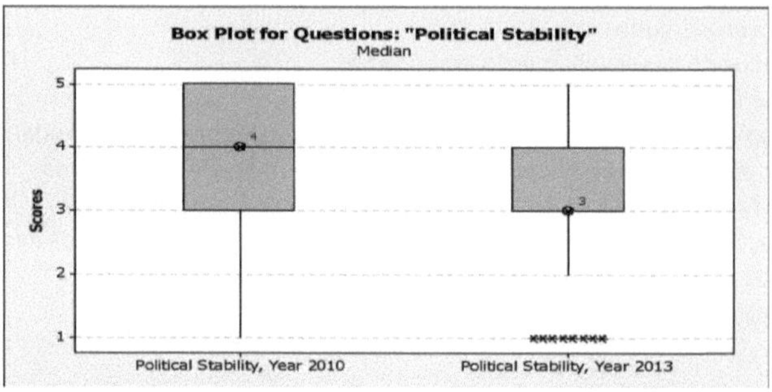

Categoria	N	Mediana
Estabilidade política, ano	2010	434 .0
Estabilidade política, ano	2013	553 .0

O teste para ETA1 = ETA2 vs. ETA1 não = ETA2 é significativo a 0,0658

Principais desafios

■ₜ(2.9), a fiabilidade (3.1) e a transparência (3.2) da política. (3.6)

Conclusão

A média global para esta secção é de (3,1). A estabilidade política melhorou em 2013, como mostra a pontuação mediana mais baixa de (3,0), enquanto a estabilidade política foi classificada como baixa em 2010, como mostra a pontuação mediana mais alta de (4,0). A elevada taxa de corrupção e a falta de transparência na política conduzem à instabilidade política. Os custos elevados e as frustrações dos agricultores devido a subornos quando tentam aceder aos mercados favorecem o desenvolvimento de mercados monopolistas. A falta de transparência na política também impede o desenvolvimento justo/igualitário dos mercados regionais.

4.5.2. Infra-estruturas fornecidas

Esta secção centrou-se nos seguintes pontos:

- Fiabilidade do do fornecido acesso à eletricidade.

- Acessibilidade ao Principal/carril/ar. telemóvel telefone/telefone. do meio de transporte.

- Custos de para a utilização dos fundos telefone/telemóvel

- Fiabilidade do Transporte. telefone/telemóvel para utilizar o telefone

.

- Acesso à Internet. Transporte.
- Custo da Internet. para o transporte de água.

- Fiabilidade do a utilização do transporte por água. acesso à Internet.

- Acesso a instalações Fiabilidade do acesso à água de armazenamento.

- Acesso a instalações Transporte. de refrigeração.

- Custos dos sistemas à eletricidade. de refrigeração.

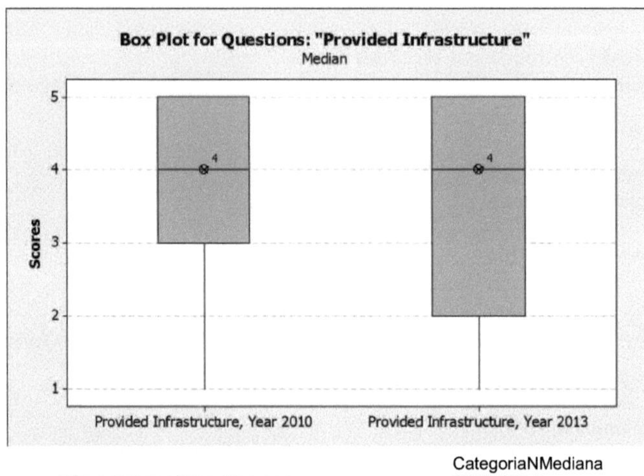

Categoria	N	Mediana
Infra-estruturas fornecidas, ano 2010	217	4.0
Infra-estruturas fornecidas, ano 2013	247	4.0

O teste para ETA1 = ETA2 vs. ETA1 não = ETA2 é significativo a 0,8416

Principais desafios

à água (3,4) e à eletricidade (3,6), bem como o custo da eletricidade (4,0).

Acesso (3.4) e custos (3.5) da Internet.

Acesso (3.5) e custos (3.8) das instalações de armazenagem.

Custos (4.5) dos sistemas de arrefecimento e sua acessibilidade (4.5).

Qualidade da rede rodoviária (4.2).

Conclusão

No inquérito, a pontuação mediana para as infra-estruturas fornecidas permanece a mesma entre 2010 e 2013 (4,0), uma melhoria muito pequena. As infra-estruturas referem-se aos factores de produção físicos fornecidos pelo governo, tais como estradas, água, Internet, eletricidade, instalações de armazenamento e refrigeração. A inadequação das instalações de refrigeração e armazenamento leva a um acesso sazonal aos mercados, uma vez que os agricultores não podem adiar as suas vendas e esperar por preços mais elevados.

A dependência da agricultura de sequeiro conduz a instalações de armazenamento e de refrigeração inadequadas durante a colheita. Consequentemente, os mercados estão sobrelotados de mercadorias. Rede rodoviária deficiente durante

A estação das chuvas restringe o acesso ao mercado e aumenta os custos comerciais, causando perdas aos agricultores. Os elevados custos da eletricidade aumentam os custos de produção, reduzindo assim o rendimento líquido dos agricultores.

4.5.3. Serviços alargados

Na análise dos serviços de consultoria, foram tidos em conta os seguintes factores

- Acesso a serviços de aconselhamento.
- Custos dos serviços de aconselhamento.
- Satisfação com a qualidade dos serviços de aconselhamento.
- Falta de programas de formação.
- Acesso à formação de capacidades.
- Custos de formação de capacidades.
- Satisfação com a qualidade da formação de capacidades.
- Acesso às novas tecnologias.
- Po acesso à investigação e ao desenvolvimento.
- Custos de acesso à investigação e ao desenvolvimento.
- Qualidade da investigação e do desenvolvimento Oportunidade de financiar
novas tecnologias.

Fig. 20: Teste Mann-Whitney para o subgrupo: Serviços de aconselhamento

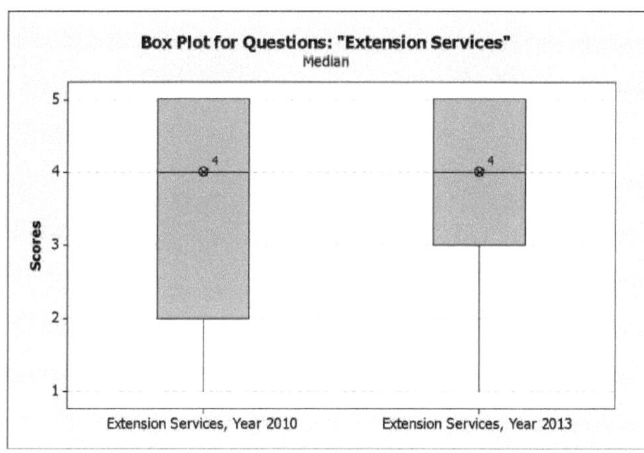

CategoriaNMediana
ExtensionServices ,   ano   20101304.0
ExtensionServices ,   ano   20131524.0
O teste para ETA1 = ETA2 vs. ETA1 não = ETA2 é significativo a 0,5154

Principais desafios

- Acesso a (4,5) e custos (3,8) de investigação e desenvolvimento.
- Acesso às novas tecnologias (3.6).
- Falta de oferta de formação em matéria de capacidades (3.3).
- Qualidade da investigação e do desenvolvimento (4.1).
- Custo dos serviços de aconselhamento (4,0) e acesso (3,8) aos serviços de aconselhamento.

-

Conclusão

Esta secção trata dos serviços que o governo poderia oferecer para apoiar os agricultores. Os serviços estão relacionados com a extensão e a capacitação, como a formação. No inquérito, a pontuação mediana para os serviços de extensão é a mesma tanto em 2010 como em 2013 (4,0). Isto indica a manutenção do (baixo) nível de prestação de serviços aos agricultores pelas agências governamentais ou ministérios relevantes.

O custo dos serviços de extensão, a qualidade da investigação e desenvolvimento e o acesso a novas tecnologias são alguns dos factores mais bem classificados em termos de serviços prestados e que afectam a produtividade e a transformação de produtos em bruto. A prestação de serviços de extensão e de formação é também inadequada devido ao número limitado de extensionistas.

4.5.4. Serviços de desenvolvimento empresarial (BDS)

Nesta secção, foram tidos em conta os seguintes factores:

- Acesso a serviços de desenvolvimento empresarial.
- Custos dos serviços de desenvolvimento empresarial.
- Satisfação com a qualidade dos serviços de desenvolvimento empresarial.
- Ensinar competências de desenvolvimento empresarial.

-

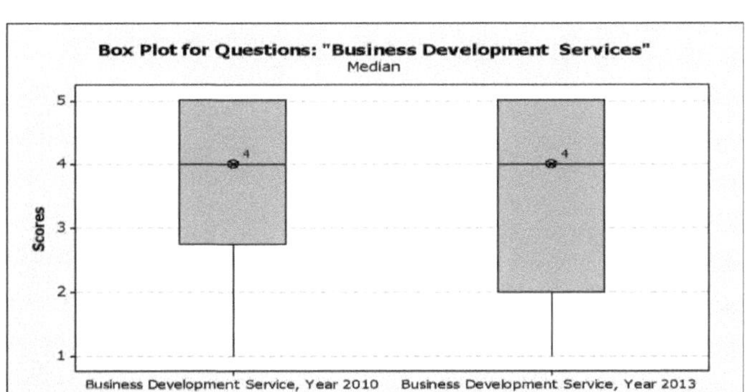

Principais desafios

- Custo dos serviços de desenvolvimento empresarial (3.8) e acesso aos serviços de desenvolvimento empresarial (3.1).
- Qualidade dos serviços de desenvolvimento das empresas (3.1).

Conclusão

O valor mediano dos serviços de desenvolvimento empresarial permanece o mesmo no inquérito de 2010 e 2013, com 4,0. Estes serviços são principalmente oferecidos pelo governo para apoiar os agricultores. A formação dos agricultores por peritos qualificados pode ajudar a aumentar a produtividade dos agricultores, fornecendo-lhes competências de gestão e comerciais. Os pequenos agricultores podem ser formados por peritos de instituições qualificadas, como o KENFAP e o ATC, em áreas como a agricultura como negócio e o empreendedorismo. Isto permitirá aos agricultores aumentar a sua produtividade e o rendimento dos produtos agrícolas que produzem.

4.5.5. Apoio financeiro do governo

Os tópicos mais importantes abordados nesta secção incluem

- Requisitos para o acesso ao apoio financeiro do governo
- Tratamento administrativo do acesso ao apoio financeiro

Fig. 22: Teste Mann-Whitney para o subgrupo: Apoio financeiro do governo

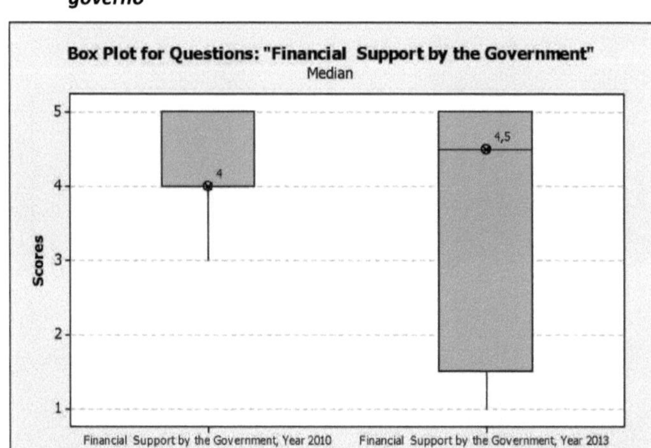

CategoriaNMediana

Apoio financeiro do governo , ano 201094 .0
Apoio financeiro do governo , 2013124 .5
Teste para ETA1 = ETA2 vs. ETA1 não = ETA2 é significativo a 0,7223

Desafios reconhecidos

- Requisitos para o acesso ao apoio financeiro do governo (3.2).
- Encargos administrativos para aceder ao apoio financeiro (2.8).

Conclusão

O inquérito mostra que o valor mediano do apoio financeiro do governo para o ano de 2010 foi (4,0), enquanto o valor mediano para o ano de 2013 é (4,5). Isto mostra que o apoio que os agricultores recebem do governo diminuiu, resultando em custos de produção elevados e baixa produção. O apoio do governo pode referir-se às taxas administrativas e legais cobradas aos agricultores quando registam as suas explorações. Os entrevistados também salientaram que é difícil para os agricultores cumprir todos os requisitos, como o pagamento de taxas legais/registos, que são necessários para aceder ao apoio financeiro do Estado.

O apoio do governo pode assumir a forma de empréstimos e subsídios concedidos aos pequenos agricultores para melhorarem e diversificarem as suas explorações. O governo deve desenvolver melhores formas/técnicas para satisfazer as exigências/necessidades dos agricultores e aumentar a produtividade.

O inquérito de 2013 foi completado com uma série de perguntas sobre parcerias público-privadas que não estavam contempladas no inquérito de 2010.

Os tópicos mais importantes abordados nesta secção incluem
- Relevância das relações público-privadas.   Avaliação da influência no domínio das
- Avaliação das relações público-privadas.   Desenvolvimento de políticas.

- Importância no domínio da influência sobre o desenvolvimento de políticas.

Os maiores desafios:
- Importância no domínio da influência no desenvolvimento de políticas (4.4).
- Avaliação da influência no domínio do desenvolvimento de políticas (3.8).

Conclusão
O inquérito revela que o valor mediano do rácio entre os sectores público e privado para 2013 é de 4,0. Isto indica uma má relação entre os sectores público e privado. As organizações consideraram que influenciar o desenvolvimento de políticas era de pouca importância (4,4) e viram poucas oportunidades (3,5) para o fazer. Esta informação só foi recolhida no segundo inquérito (2013).

4.6 Regulamentação/administração/ambiente jurídico

Esta secção analisa o ambiente administrativo e jurídico. Inclui as seguintes categorias:

- Regulamentos.

- Taxas, impostos e encargos múltiplos.

- Tratamento administrativo.

- Fiabilidade dos contratos.

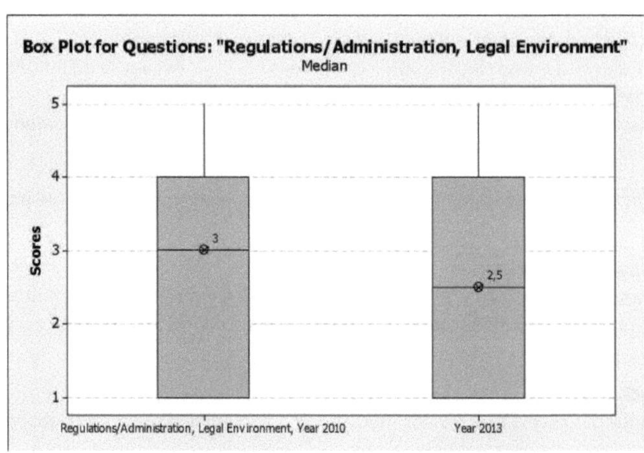

Ambiente"

		CategoriaNMedia na
Regulamentação/administração/ambiente jurídico, ano	2010	1323.0
Regulamentação/administração/ambiente jurídico, ano	2013	1542.5

O teste para ETA1 = ETA2 vs. ETA1 não = ETA2 é significativo a 0,1182

Conclusão

Em geral, os inquiridos consideram que o ambiente regulamentar/administrativo/jurídico melhorou em 2013. Isto é evidente pela diminuição da pontuação mediana de (3,0) em 2010 para a pontuação atual de (2,5) em 2013. É provável que as intervenções correspondentes do PSDA (aconselhamento político e apoio da ASCU), entre outras coisas, tenham conduzido a efeitos positivos visíveis.

4.6.1. Regulamentos

Os factores considerados nesta secção incluem
em geral.
Conformidade com os regulamentos.
dos regulamentos.

Fig. 24: Teste de Mann-Whitney para o subgrupo: receitas médicas
Principais desafios

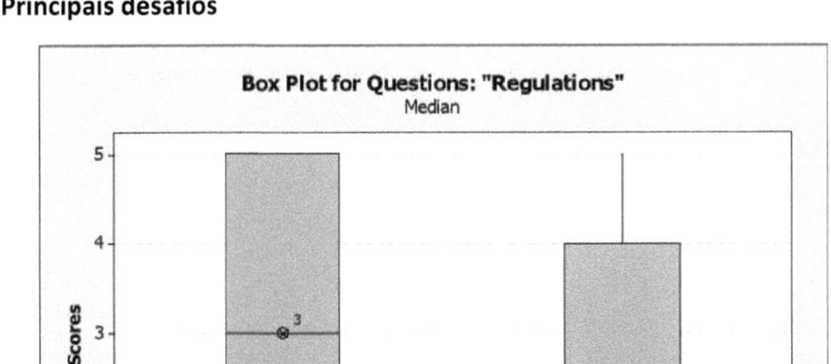

- Regulamentos em geral (2.4).
- Cumprimento dos regulamentos (2.8).
- Complexidade da regulamentação (2,7).

Conclusão

As análises efectuadas mostram que o valor mediano do domínio "regulação" passou de (3,0) em 2010 para (2,0) em 2013. Isto mostra que houve uma melhoria nas medidas regulamentares implementadas pelo governo. A regulamentação favorece as actividades agrícolas dos pequenos agricultores e, consequentemente, uma produção elevada. O cumprimento das regras e dos procedimentos por parte dos agricultores conduz a uma boa relação entre estes e o Estado em geral.

4.6.2. Taxas, impostos e encargos múltiplos

Esta parte do estudo centrou-se nos seguintes temas:

- Processamento administrativo de taxas e impostos.

- A complexidade das taxas e impostos.

- Montante das taxas e impostos.

Fig. 25: Teste Mann-Whitney para o subgrupo: Taxas, impostos e impostos múltiplos

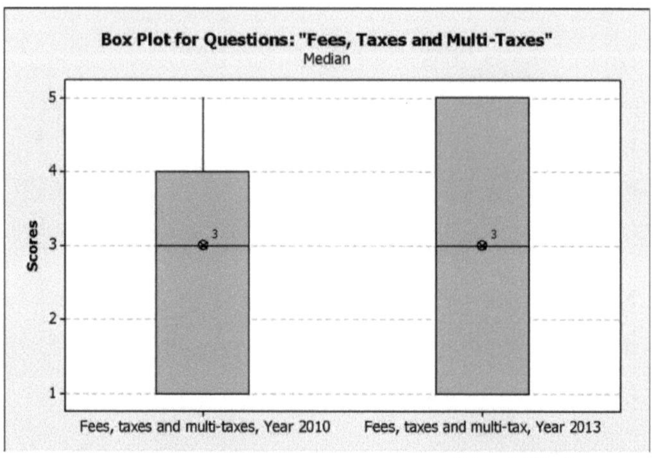

CategoriaNMediana

Taxas, impostos e impostos múltiplos	,	ano	2010303.0
Taxas, impostos e outros encargos	,		2013333.0

O teste para ETA1 = ETA2 vs. ETA1 não = ETA2 é significativo a 0,6797

Principais desafios

Liquidação de taxas e impostos (3.5).

Taxas, impostos e outros encargos (3.5).

taxas e impostos (2.7).

Conclusão

No inquérito, o valor mediano das taxas, impostos e imposições múltiplas permanece o mesmo tanto em 2010 como em 2013 (3,0), o que não representa uma melhoria. Os elevados custos de produção que os agricultores têm de suportar devem-se à tributação múltipla e aos pagamentos pelo acesso ao mercado. Os agricultores evitam os mercados de longa distância porque os municípios cobram impostos nas respectivas zonas, independentemente de os produtos serem ou não vendidos nessas zonas.

O governo deveria introduzir um sistema em que a produção dos agricultores fosse tributada apenas uma vez, quer no centro de expedição, quer no ponto de comercialização final. Esta medida permitiria baixar os preços dos produtos nos mercados, reduzindo os custos de funcionamento.

4.6.3. Tratamento administrativo

Os factores mais importantes considerados nesta secção incluem

para o centro administrativo mais próximo

para tratamento administrativo

processamento administrativo

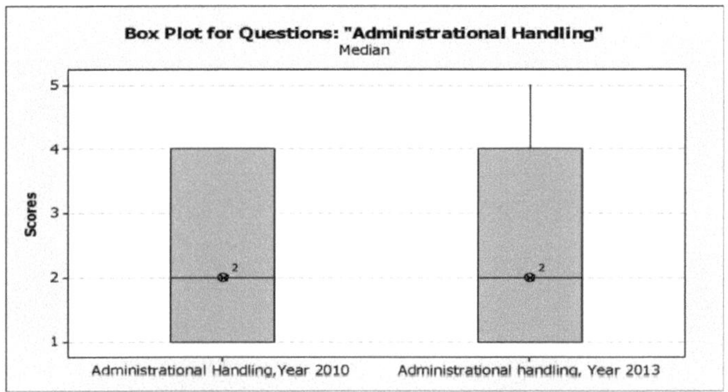

Fig. 26: Teste Mann-Whitney para o subgrupo: Comportamento administrativo

CategoriaNMediana
Processamento administrativo, ano 2010292,000
Processamento administrativo ano 2013332,000
O teste para ETA1 = ETA2 vs. ETA1 não = ETA2 é significativo a 0,6876

Principais desafios

tratamento administrativo (2.7).

até ao centro administrativo mais próximo (2,5) e custos de processamento administrativo (2,5).

Conclusão

No inquérito, o valor mediano para o tratamento administrativo nos dois anos de 2010 e 2013 permanece o mesmo (2,0). Isto mostra a satisfação dos inquiridos com os serviços no período 2010-2013, devido ao baixo valor mediano calculado. Trata-se de uma boa pontuação que mostra que o Quénia alcançou e manteve um nível encorajador e está a satisfazer as necessidades dos clientes em termos de apoio administrativo ao desenvolvimento do sector privado.

4.6.4. Fiabilidade dos contratos

Esta secção abrange tanto os contratos do sector público como os outros contratos do sector privado. Os principais factores considerados nesta parte do inquérito são os seguintes

    para a procura de parceiros contratuais.

    para uma ação em tribunal.

    devido a incumprimentos contratuais.

    Violações de contrato.

para a preparação de contratos adequados.

Figura 27: Teste Mann-Whitney para o subgrupo: Fiabilidade dos

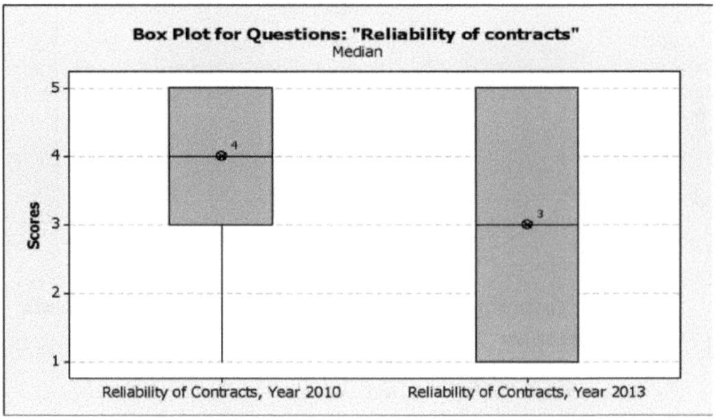

contratos

	CategoriaNMediana
Fiabilidade dos contratos, ano	2010524.0
Fiabilidade dos contratos, ano	2013503.0
Teste para ETA1 = ETA2 vs. ETA1 não = ETA2 é significativo a 0,0425	

Principais desafios

- Custos devidos a incumprimentos contratuais (3,3), custos de procura de parceiros contratuais (2,9), custos de preparação

  Contratos corretos (2,5) e custos de processos judiciais (3,4)

- Frequência das infracções ao contrato (2.6)

Conclusão

O inquérito realizado mostra a diminuição do valor mediano de (4,0) em 2010 para um valor de

(3,0) em 2013 mostra uma ligeira melhoria na fiabilidade dos contratos. As violações dos contratos devem-se principalmente à imprevisibilidade dos preços dos produtos de base, a riscos elevados, a conhecimentos comerciais insuficientes e à falta de um ambiente jurídico favorável à clarificação judicial.

A imprevisibilidade dos preços de mercado leva a que ambas as partes comprem ou vendam a preços melhores/mais altos do que os acordados no contrato. A maior parte dos agricultores também não cumprem os acordos contratuais porque não compreendem as implicações do contrato. A grande vulnerabilidade a riscos como as secas, as inundações, as pragas e as doenças significa que não podem assegurar o cumprimento das obrigações contratuais. Alguns contratos são quebrados porque não são legalmente defensáveis para os agricultores devido aos elevados custos e ao tempo necessário para uma ação judicial.

Se os agricultores não aderirem à agricultura contratual, é-lhes difícil planear de forma fiável, prever lucros e melhorar os cálculos da análise custo-benefício. Por conseguinte, os agricultores não podem adaptar a sua produção às forças da procura e da oferta nos centros/mercados agrícolas.

5. Discussão dos resultados

5.1. Observações gerais

O inquérito às empresas agrícolas e ao clima de investimento (ABIC), realizado de julho a setembro de 2010, foi repetido de abril a junho de 2013. O objetivo era obter informações sobre quaisquer alterações durante este período (2010 - 2013) no que diz respeito ao clima de negócios e investimento agrícola no Quénia. Durante o período de preparação, surgiram os seguintes desafios.

- Não existe documentação disponível sobre a organização inquirida e os seus resultados específicos
- Nem todas as organizações inquiridas estão ainda activas
- O período entre o primeiro e o segundo inquérito é bastante curto para identificar e dar conta das mudanças no clima empresarial

A lista de potenciais entrevistados foi alargada. No final, 14 organizações responderam e devolveram o questionário preenchido. Em 2010, o número de organizações participantes foi de 11.

O teste de Mann-Whitney foi utilizado para a análise estatística, a fim de arquivar resultados representativos e não apenas a média, como foi o caso em 2010.

5.2. Observações especiais

Resultados dos grupos principais

O inquérito abrangeu seis áreas principais que poderão ser muito importantes para influenciar o clima empresarial e de investimento no sector agrícola no Quénia.

Não se registou qualquer declínio em nenhum dos seis domínios principais.

Verificou-se uma melhoria nos dois principais domínios do inquérito:

1. Sistemas de produção/transformação.
2. Regulamentação, administração e enquadramento jurídico.

Não houve alterações nos quatro domínios principais do inquérito que se seguem:

1. Mercados/oportunidades de comercialização.
2. sistema financeiro.
3. Estabilidade macroeconómica.
4. Boa governação política.

Resultados dos subgrupos:

Apenas se registou uma diminuição nos dois subgrupos seguintes:
1. Concorrência no mercado/estrutura do mercado (diminuição de 2 para 3).
2. Apoio financeiro do governo (diminuição de 4 para 4,5).

Não se registaram alterações nos seguintes subgrupos: Riscos externos, competências de gestão e empresariais, marketing, sistemas financeiros, liderança política, estabilidade macroeconómica, taxas e impostos múltiplos, serviços de consultoria, processamento administrativo, serviços de seguros, infra-estruturas fornecidas e acesso a crédito acessível. Os subgrupos que registaram melhorias incluem: Sistema de Produção, Acesso a Contas de Poupança, Regulamentação/Ambiente Legal, Fiabilidade dos Contratos, Informação de Mercado e Factores de Produção.

Dos 20 subgrupos (dos 6 domínios principais), 12 não sofreram alterações, 6 melhoraram e 2 deterioraram-se. Isto resulta em 60 % de ausência de alterações, 30 % de melhorias e 10 % de declínio.

Isto pode ser visto como uma situação estável ou uma melhoria de 90% e uma diminuição de 10%. As secções melhoradas devem-se ao papel que o PSDA desempenha na promoção das actividades das organizações parceiras através da prestação de financiamento e de serviços de consultoria. A principal razão pela qual a maioria dos inquiridos não notou quaisquer alterações nos dois inquéritos deve-se provavelmente ao curto período entre os dois inquéritos.

6. resumo

O inquérito sobre o clima das empresas agrícolas e do investimento (ABIC), realizado de julho a setembro de 2010, foi repetido em abril a junho de 2013. O inquérito foi realizado através da distribuição de questionários a 20 organizações parceiras do PSDA. Um total de 14 organizações preencheram os questionários e devolveram-nos para avaliação. O objetivo era obter informações sobre quaisquer alterações durante este período (2010 - 2013) no que diz respeito ao clima de negócios e investimento agrícola no Quénia.

Os dois inquéritos revelaram que o ABIC no Quénia não diminuiu durante o período mencionado. Dos 6 domínios principais da ABIC, observou-se uma melhoria em 2 sectores (sistema de produção/transformação e regulamentação/administração/ambiente jurídico) e nenhuma alteração nos outros 4 sectores (mercados e oportunidades de comercialização, sistemas financeiros, estabilidade macroeconómica e boa governação política). Dos 20 subgrupos (dos 6 domínios principais), 12 não sofreram alterações, 6 melhoraram e 2 deterioraram-se. Isto resulta em 60% de ausência de alterações, 30% de melhorias e 10% de declínio. Esta situação pode ser considerada estável ou uma melhoria de 90% e um declínio de 10%.

Annex 1: Questionário ABIC 2013

Survey on the Agricultural Business and Investment Climate (ABIC)
QUESTIONNAIRE

Date:	
Name of the association:	
Name of respondent:	

Structure of the association:
Number of members:

Kind of association	
Umbrella organization	
Cooperative	
Self-Help-group	
Sacco	
others:	

Size of association	2000	2005	2010	2013
Small-size				
Medium-size				
Big-size				

Level of production/processing	2000	2005	2010	2013
Farmers				
Primary processors				
Advanced processors				

		Not important No problem				Very important Key problem
1	**Production system**	1	2	3	4	5
1.1	How important is the production system to do business and investments?					
1.2	Are aspects regarding the production a main problem for doing business and investments?					
	Is the ... a problem to do business and investments?					
	Input factors					
1.3	access to breeds, seeds and planting					

39

		1	2	3	4	5
	materials					
1.4	cost of breeds, seeds and planting materials					
1.5	quality of breeds, seeds and planting materials					
1.6	Access to land					
1.7	Size of the land					
1.8	Quality of land					
1.9	cost to maintain the quality of the land					
1.10	Access to fuel					
1.11	cost of fuel					
1.12	Access to machinery					
1.13	cost of machinery					
1.14	Access to labor					
1.15	cost of labor					
1.16	Quality of labor					
1.17	access to other input factors (input markets)					
1.18	cost of these input factors					
1.19	quality of these input factors					
	External risks					
1.20	frequency of pests and diseases					
1.21	cost of pest and diseases					
1.22	access to pest/disease protection					
1.23	cost of pest/disease protection					
1.24	frequency of droughts and floods					
1.25	cost of droughts and floods					
1.26	frequency of crime					
1.27	cost of crime					
1.28	cost of surveillance of crime					
	Management and business skills					
1.29	management and business capacity in general					
1.30	management and business capacity to start a business					
1.31	management and business capacity to scale up					

		Not important No problem				Very important Key problem
2	**Marketing**	1	2	3	4	5
2.1	How important is the market access to do business and investments?					

2.2	Is marketing a general problem for your members?					
	Is the … a problem for your members to do business and investments?					
	Market Access					
2.3	Access to transportation means					
2.4	Which transportation means? (motorbike, trucks, rail, air)					
2.5	cost/time to organize transportation to markets and other consumers					
2.6	loss during transportation					
2.7	fees and other payments for transportation					
2.8	Information on grades and standards					
2.9	compliance of grades and standards					
2.10	other problematic requirements to access the markets					
2.11	fees and other payments for market access					
2.12	supply of producer associations/organizations					
2.13	access to producer associations/organizations					
2.14	cost to join producer associations/organizations					
2.15	satisfaction with the quality of producer associations/organizations					
2.16	supply of production cooperatives (horizontal and vertical)					
2.17	Access to production cooperatives					
2.18	cost to join production cooperatives					
2.19	Access to middleman					
2.20	cost of middleman					
2.21	satisfaction with the quality of middleman					
2.22	possibility for contract farming					
2.23	Access to contract farming					
2.24	reliability of contract farming					
2.25	What are the reasons contract farming is not able to access/reliable?					
2.26	requirements to access export markets					
2.27	which requirements are problematic?					
	Competition in the market/ Structure of the market					

		1	2	3	4	5
2.28	feasibility of competition from local suppliers					
2.29	quantity of local suppliers					
2.30	Quality of local suppliers					
2.31	State intervention into markets					
2.32	role of parastatals					
2.33	price policy of the government					
2.34	feasibility of competition from imports					
	Market information					
2.35	Price building in general					
2.36	access to information on prices					
2.37	supply of information on prices					
2.38	cost of information on prices					
2.39	access to information on the demand					
2.40	cost of information on the demand					
2.41	access to information on consumer preferences					
2.42	supply of information on consumer preferences					
2.43	cost of information on consumer preferences					
2.44	other needed information?					

		Not important No problem				Very important key problem
	Financial System:					
3	**Access to affordable credits**	**1**	**2**	**3**	**4**	**5**
3.1	How important are affordable credits?					
3.2	Is the access to affordable credits a problem in general?					
3.3	Percentage of members with proper credits					
	Do your members have a problem with the…?					
3.4	distance to the next credit institute					
3.5	level of the interest rate					
3.6	requirements to get a credit					
3.7	which especially?					
3.8	feasibility of credit period/ repayment terms					

	Access to saving accounts	1	2	3	4	5
3.9	How important are saving accounts?					
3.10	Are saving accounts a problem in general?					

3.11	Percentage of members with saving accounts					
	Is the … a problem for your members?					
3.12	distance to the next saving institute					
3.13	access to banking/saving account					
3.14	level of the interest rate					

	Other financial resources	1	2	3	4	5
3.15	How important are other financial resources?					
3.16	Is the access to other financial resources a problem in general?					
3.17	Percentage of members using other financial resources					
	Is the … a problem for your members?					
3.18	Access to direct investors					
3.19	Access to microfinance products					
3.20	feasibility of the conditions for microfinance products					
3.21	access to membership-based financial organizations (MBFOs)					
3.22	feasibility of the conditions for MBFOs					
3.23	access to provided credits by traders and processors					
3.24	feasibility of the conditions for credits provided by traders/processors					
3.25	Access to informal financial intermediaries					
3.26	other important financial resources					

	Insurances	1	2	3	4	5
3.27	How important are insurances?					
3.28	Are insurances a general problem to do business and investments?					
3.29	Percentage of members with insurances					
	Is the … a problem for your members?					
3.30	existence of insurances					
3.31	Access to insurances					
3.32	cost of insurances					
3.33	which insurances are lacking?					
		Not important				Very important
		No problem				Key problem

4	Macroeconomic stability	1	2	3	4	5
4.1	How important is the macroeconomic stability?					
4.2	Is the macroeconomic stability a general problem for your members?					
	Does the … affect your members negatively?					
4.3	level of the inflation rate					
4.4	volatility of the inflation rate					
4.5	level of the exchange rate					
4.6	volatility of the exchange rate					

		Not important				Very important
	Political Governance:	No problem				Key problem
5	Political Stability	1	2	3	4	5
5.1	How important is the political stability for doing business and investments?					
5.2	Is the political stability a general problem for your members?					
	Is the … a problem for your members?					
5.3	insecurity about political changes					
5.4	missing reliability of politics					
5.5	missing transparency of politics					
5.6	corruption in general					

	Provided infrastructure	1	2	3	4	5
5.7	How important is the infrastructure to do business and investments?					
5.8	Is the infrastructure a general problem for your members?					
	Is the … a hidden factor for your members to do business and investments?					
5.9	expanse of the provided road net / rail / air					
5.10	quality of the road net / rail / air					
5.11	fees of using the road net / rail / air					
5.12	bribes for using the road net / rail / air					
5.13	access to the water net					
5.14	cost of use the water net					
5.15	reliability of access the water net					
5.16	Access to electricity					
5.17	cost of electricity					

5.18	reliability of Access electricity					
5.19	access to telephone/mobile phone					
5.20	cost of telephone/mobile phone					
5.21	reliability of access telephone/ mobile phone					
5.22	Access to internet					
5.23	cost of internet					
5.24	reliability of internet Access					
5.25	Access to storage possibilities					
5.26	cost of storage possibilities					
5.27	Access to cooling facilities					
5.28	cost of cooling facilities					

	Provided public services	1	2	3	4	5
5.29	How important are public services to do business and investments?					
5.30	Are public services in general a problem for your members?					
5.31	Percentage of your members using public services?					
	Is the … a problem for your members to do business and investments?					
	Extension services					
5.32	lacking supply of extension services					
5.33	Which one are missing to favor doing business and investments?					
5.34	Access to extension services					
5.35	cost of extension services					
5.36	satisfaction with the quality of extension services					
5.37	lacking supply of capacity trainings					
5.38	Access to capacity trainings					
5.39	cost of capacity trainings					
5.40	satisfaction with the quality of capacity trainings					
5.41	Which capacity trainings should be provided?					
5.42	Access to new technology					
5.43	possibility to finance new technology					
5.44	Access to Research & Development					
5.45	cost to access Research & Development					
5.46	Quality of Research & Development					

		Not important No problem				Very important Key problem
	Business development services					
5.47	supply of business development services					
5.48	Which one are missing to favor doing business and investments?					
5.49	access to business development services					
5.50	cost of business development services					
5.51	satisfaction with the quality of business development services					
	Financial support by the government					
5.52	supply of financial support					
5.53	which one are missing?					
5.54	requirement to access financial support by the government					
5.55	which ones are problematic?					
5.56	administrative handling to access financial support					

		Not important No problem				Very important Key problem
	Public - private relationship	**1**	**2**	**3**	**4**	**5**
5.57	Indicate the relevance of the public-private relationship to do business and investments in common?					
5.59	How do you rate the public-private relationship concerning your association /organization in 2010					
5.60	How do you rate the public-private relationship today?					
5.61	How important is it for your organization/association to have influence on policy development?					
5.62	How do you rate your influence in the field of policy development?					
5.63	Have you contributed in the development of any policy?					
5.64	If yes, which policy					

		Not important No problem				Very important key problem
6	**Regulations/administration, legal environment**	1	2	3	4	5

6.1	How important are … for your members to do business and investments?					
6.2	Are aspects regarding the legal environment, regulations, administration					
	Is the … a problem for your members to do business & investments?					
	Regulations					
6.3	regulations in general					
6.4	compliance of regulations					
6.5	complexity of regulations					
	Fees, taxes and multi-taxes					
6.6	level of fees, taxes and multi-taxes					
6.7	Which in especially has a significant negative impact?					
6.8	complexity of fees and taxes					
6.9	administrational handling of fees and taxes					
	Administrational handling					
6.10	distance to the next administration office					
6.11	costs for administrational handling					
6.12	which cost are problematic?					
6.13	Complexity of administrational handling (forms, regulations etc.)					
	Reliability of contracts					
6.14	cost to find contract partners					
6.15	cost to prepare proper contracts					
6.16	frequency of breach of contracts					
6.17	What are the reasons contracts are breached?					
6.18	cost due to breach of contracts					
6.19	cost to bring issues to court					

Annex 2:   Resultados 2010 e 2013

Year	2010											2013													
Questions	1	2	3	4	5	6	7	8	9	10	11	A	B	C	D	E	F	G	H	I	J	K	L	M	N
Production system																									
How important is the production system to do business and investments?												3	4	3	5	3	4	4	5	5	5	4	5	5	5
Are aspects regarding the production a main problem for doing business and investments?												4	4	3		4		3	3	5	2	5	2	5	3
Is the ... a problem to do business and investments?																									
Input factors																									
access to breeds, seeds and planting materials	4		5	1	1	5	4	4	5	5	5	4	5	1	5	4	3		3	5		3		5	5
cost of breeds, seeds and planting materials	2		3	1	2	5	3	4	5	5	4	5	5	4	5	4	2		3	5		2	1	5	2
quality of breeds, seeds and planting materials	2		5	2	4	5	4	5	5	5	5	3	5	1	5	2	3		4	5		2	1	5	2
Access to land	3		3	1	3	2	1	1	5	3	5	3	5	2	5	2	2		3	5		1	1		1
Size of the land	4		2	1	4	5	1	1	5	4	2	3	5	1	5	4	2		1	2		1	2		1
Quality of land	4		1	1	4	3	1	1	5	4	3	2	5	3	5	2	2		1	2		1	2		1
cost to maintain the quality of the land	4		2	1	5	5	1	1	5	4	3	2	4	5	5	4	2		2	2		4	2		4
Access to fuel	2	3	3	2	5	2		3	5	2	2	1	4	3	5	2	2		3	5		1	2	5	4
cost of fuel	4	4	5	2	5	2		3	5	4	2	3	4	5	5	4	2		3	5		1		5	1
Access to machinery	1	5	1	5	5	2	2	1	4	3	3	4	4	5	5	4	2		1	2		1	2	5	2
cost of machinery	4	5	5	5	5	2	2	4	4	4	5	1	5	5	5	4	2		1	2		1		5	2
Access to labor	1	5	1	3	3	1	1	1	5	2	1	2	5	3	5	2	2		2	2		3	2	1	1
cost of labor	4	5	3	2	4	1	4	4	5	4	4	3	4	5	5	4	2		2	2		4	2	2	1

Quality of labor	4	5	5	4	2	2	4	4	4	3	1		3	5	5	2	2		1	2		4	2	4	1
access to other input factors (input markets)												4	3	3	5	2	3		1	5		4	2	3	3
cost of these input factors												4	4	3	5	2	3		5	5		4	2	5	3
quality of these input factors												3	4	3	5	2			4	5		4	2	5	3
External risks																									
frequency of pests and diseases	1		3	1	3	5	3	5	5	4	3	3	5	3	5	4		3	3	5	5	2	4		5
cost of pest and diseases	1		5	1	3	5	2	5	5	5	4	4	5	3	5	4		3	3	5	5	2	5		5
access to pest/disease protection	2		4	2	4	5	2	5	5	2	2	3	4	4	5	2		3	3	5	5	2	2		3
cost of pest/disease protection	2		5	4	4	5	2	5	5	4	4		4	4	5	4		2	4	5	5	2	5		3
frequency of droughts and floods	4		3	5	2	3	2	2	4	5	5	2	5	4	5	4		2	4	2	1	2	2		2
cost of droughts and floods	5		3	5	2	2	4	2	5	5	5	3	5	5	5	4		2	3	2	1	2			2
frequency of crime	3	4	1	4	3	2	1	2	3	3	4	2	4	2	5	2		2	2	2	1	2	2		5
cost of crime	4	5	1	3	3	2	1	2	3	3	5	3	5	2	5	2		2	2	2	1	2	1		5
cost of surveillance of crime	3	5	1	4	4	2	1	2	3	1	5	2	4	1	5	2		2	2	2	1	2	1		5
Management and business skills																									
management and business capacity in general	3	2	5	3	4	5	3	4	5	5	5	3	5	4	5	2		4	4	5	3	5	1		5
management and business capacity to start a business	4	2	5	2	5	5	3	4	5	5	4	4	4	5	5	3		4	3	5	5	5	1		5
management and business capacity to scale up	5	2	5	3	4	5	3	4	5	5	3	4	4	5	5	2		4	3	5	3	5	1		5
Marketing																									
How important is the market access to do business and investments?												4	5	3	5	3	4	5	4	5	3	4	5	4	5
Is marketing a general problem for your members?												2	5	2	5	2	4	5	4	2	3	4		4	3
Is the ... a problem for your members to do business and investments?																									
Market Access																									

Columns 1–11:

Access to transportation means	3	5	4	4	5	2	5	1	5	2	2
Which transportation means? (motorbike, trucks, rail, air)											
cost/time to organize transportation to markets and other consumers	4	5	4	2	5	2	5	1		5	4
Loss Düring transportation	2	3	2	3	3	1	2	3	4	4	3
fees and other payments for transportation	4	5	4	2	4	1	3	4	4	4	5
information on grades and standards	1	5	5	5	5	1		1	5	4	5
compliance of grades and standards	4		5	5	5	1		5	5	4	5
other problematic requirements to access the markets											
fees and other payments for market access	4	2	3	2	5	1		4	3	4	5
supply of producer associations/organizations	3		3	3	3	1		5	4	4	1
access to producer associations/organizations	4		3	3	3	1		1		3	3
cost to join producer associations/organizations	2	5	5	2	5	1		1	3	3	2
satisfaction with the quality of producer associations/organizations	4		5	3	3	1		3	4	5	2
supply of production cooperatives (horizontal and vertical)			5	4	2	1		1	5	4	2
Access to production cooperatives			3	4	3	1		1		4	1
cost to join production cooperatives			4	4	4	1		1		3	2
Access to middleman	2	5	1	1	3	1	5	1	2	1	1
cost of middleman	5	4	5	2	4	1	5	1	5	5	5

Columns 12–25:

Access to transportation means	2	4	4	5	2	3	4	2	5	4	4	1		2
Which transportation means? (motorbike, trucks, rail, air)		4	4	5	2	2		2		5	4	1		
cost/time to organize transportation to markets and other consumers		4	4	5	4	3	4	3	2	2	4	1		1
Loss Düring transportation	1	4	2	5	4	5	3	2	2	4		1		1
fees and other payments for transportation	4	5	4	5	4	2	4		2	3	4	1		3
information on grades and standards	5	4	4	5	2	4	4	4	5	5	5	1		3
compliance of grades and standards	5	4	4	5	2	4	4	3	5	5	4	1		3
other problematic requirements to access the markets	4	4		5	2	2		3	5		4	1		1
fees and other payments for market access		5	1	5										
supply of producer associations/organizations	2	5	4	5	4	2	3	2	5	5	3			1
access to producer associations/organizations	2		4	5	2	4	4	4	2	5	4	1		3
cost to join producer associations/organizations	2	3	1	5	2	4	4	3		5	4	1		3
satisfaction with the quality of producer associations/organizations	3	3	4	5	4	4	3	3		4	4	1		2
supply of production cooperatives (horizontal and vertical)	2	3	4	5	2	4	3	3			5	1		4
Access to production cooperatives	1	3	4	5	2	2	4			5	5	1		4
cost to join production cooperatives	1	2	1	5	2		2		5	5	2			3
Access to middleman	2	4	1	5	4		2			5	2	2		3
cost of middleman	2	5	5	5	2		3			4	2	2		3

satisfaction with the quality of middleman	5	1	5	1	4	1	5	4	5	5	2	3	5	5	5	4		4			5	4	2		3
possibility for contract farming	4		5	3	2	1		4	5	3	5	2	3	5	5	4		4			5	5	2		3
Access to contract farming	4		5	4	2	1		4	5	5	2	3	3	5	5	2		4				4	3		4
reliability of contract farming			5	5	2	1		4	4	4	5	2		5	5	2		4				4	4		4
What are the reasons contract farming is not able to access/reliable?												0	5	0	5	4		4				5	4		4
requirements to access export markets	5	1	5	3	4	1	2	5	5	5	5	2	5	5	5	2	5					1	5		2
which requirements are problematic?												4	5			5	4					1			
Competition in the market/ Structure of the market																									
feasibility of competition from local suppliers	4	5	5	2	4	1		1		5	1	4	2	1	5	2	2	4	1		4	2	4		1
quantitier of local suppliers	4	2	1	2	4	1		1	5	5	1	2	3	5	5	2	4	3	1		1	2	2		1
Quality of local suppliers	5	1	5	1	2	1		2	4	5	2	2	4	5	5	2		3	3		1	4			1
State intervention into markets	4		5	1	2	1	4	4	5		3	3	4	3	5	2		4	2		3	4	2		2
role of parastatals	2		5	4	3	1	2	4		1	2	3	2	3	5	2		4	3		5	3	2		1
price policy of the government			1	2	2	1	2	1	2	3	5	4	5	1	5	4		4	1		5	3	2		3
feasibility of competition from imports	1	1	5	2	4	1		4	2	4	4	3	5	5	5	2		3	1		5	1	1		1
Market information																									
Price building in general	2		5	2	3					5	4	5	5	5	5	2	2	4	3		5	5	1		3
access to information on prices	4	5	5	4	3	1	1	1	5	2	5	4	5	5	5	2	2	4	3		5	5	1		4
supply of information on prices	5	5	5	3	3	1	1	1	5	2	5	5	5	5		2	2	4	3		5	5	1		4
cost of information on prices	4	5	5	5	1	1	1	1	5	3	5	4	3	5	3	4	2	2	1		5	5	1		2
access to information on the demand	5		5	5	2					5	5	5	5	5	2	4	4	5	3		5	5	1		2
cost of information on the demand	5		5	4	2					5	5	5	3	5	4	4	4	4	1			3	1		2
access to information on consumer preferences	5	5	5	3	3	5	2	2	5	5	4	5	0	5	3	2	2	5	5		3	5	1		5

supply of information on consumer preferences	5	5	5	3	3	5	2	2	5	5	4	5	0	5	4	2	4	5	5		3	3	1		5
cost of information on consumer preferences	5	5	5	3	3	1	2	2	5	5	4	5	4	5	5	2	4	5	1		3	2	1		3
Financial System:																									
Access to affordable credits																									
How important are affordable credits?												5	5	5	5	3		5	3	5	5	3	3		4
Is the access to affordable credits a problem in general?												5	5	5	5	4		4	4	5	5	5	1		2
Percentage of members with proper credits												0	0	5	5	4			3	2		1	1		3
Do your members have a problem with the...?																									
distance to the next credit institute	3	1	5	5	1	1	1	1	3	3	1	3	4	2	3	4		3	1	2	4	2	1		3
level of the interest rate	3	5	5	4	4	5	1	5	5	5	4	5	4	5	5	4	3	4	5	5	5	3	1		4
requirements to get a credit	4	3	5	3	4	5	1	5	5	5	5	5	4	5	5	4	3	4	3	5	5	3	1		4
which especially?												0	5		5	4						5	1		
feasibility of credit period/ repayment terms	3	1	5	4	3	5	1	5	5	5	4	0	4	5	4	4		4	3	5	5		1		3
Access to saving accounts																									
How important are saving accounts?												5	2	2	4	2	4	4	5	5	3	1	5		4
Are saving accounts a problem in general?												3	0	1	1	2	2	3	1	2	1	1	1		2
Percentage of members with saving accounts												0	2	1	4	2			3	2	5	1			3
Is the ... a problem for your members?																									
distance to the next saving institute	3	1	5	4	1	1	1	1	3	3	1	3	2	0	1	2			1	1	3	1	1		3
access to banking/saving account	1	1	1	3	1	1	1	1	3	5	2	3	2	2	1	2			1	1	1	1	1		3
level of the interest rate	4	5	5	3	4	5	1	5	2	5	3	0	2	5	5	2			3	5	5	1	1		4

Other financial resources																										
How important are other financial resources?												3	5	4	4	3		4	3	5	4	2	5		3
Is the access to other financial resources a problem in general?												2	3	4	4	2		4	4	5	5	2	1		4
Percentage of members using other financial resources												3	3	5	2							2			2
Is the ... a problem for your members?																										
Access to direct investors		2	5	3	3	5	3	4	4	5	5	1	4	3	5	4		5	3	1	5	5	1		4
Access to microfinance products	2		1	4	3		1	2	3	4	3	3	3	1	0	2		4	2	1	2	5	1		4
feasibility of the conditions for microfinance products	2		5	5	4		1	2	4	4	3	4	3	4	4	2		4	2	1	3	5	1		5
access to membership-based financial organizations (MBFOs)	2		2	4	1		2	2	5	3	1	3	3	1	2	2		4	5	1	5	5	1		3
feasibility of the conditions for MBFOs	4		2	5	2		2	2	5	3	4	3	4	1	5	2			5	1	5	5	1		3
access to provided credits by traders and processors			5		2		4	4	5	3	2	4	0	3	4	2		3	5		4	5	1		3
feasibility of the conditions for credits provided by traders/processors			5	3	2		4	4		4	4	2	5	3	4	4		4	5	1	4	5	1		4
Access to informal financial intermediaries			2				2				1	2	5	3	2	2		4	3	5	4	5	1		4
other important financial resources												3	5	4	3	2			3	5		5	1		
Insurances																										
How important are insurances?												5	5	5	5	3		3	5	1	3	2	5		3
Are insurances a general problem to do business and investments?												5	4	5	2	4		3	1	1	3	2	1		2
Percentage of members with insurances												0	2	0	0	4				1					1
Is the ... a problem for your members?																										

existence of insurances	1	1	5	4	2	5	2	5	5	4	1	5	3	4	0	4		4	1	1	5	2	1		1
Access to insurances	1	1	5	5	2	5	2	5		5	5	1	3	4	4	2		4	1	1	4	2	1		1
cost of insurances	4	5	5	5	2	5	2			3	2	1	3	5	5	4		3	3	1	5	2	1		1
which insurances are lacking?												0	3	4	5	4		0			2	2			1
Macroeconomic stability																									
How important is the macroeconomic stability?												5	5	3	5	3		5	3		4	4	5		5
Is the macroeconomic stability a general problem for your members?												5	5	3	3	4		4	3		5	4	1		4
Does the ... affect your members negatively?	2	5	2	4	4	2	1	4	5	3	2	4	4.3	5	4.3	4		4	3	5	4.7	4	5		4
level of the inflation rate	4	5	4	4	4	5	1	4	5	3	5	4	4	5	5	4		4	3	5	5	5	5		5
volatility of the inflation rate	2	5	4	3	3	5	1	4	5	3	4	4	4	5	5	4		5	3		5	5	5		5
level of the exchange rate	2	5	5	4	4	2	1	4	5	3	2	4	5	5	3	4		3	3		4	2	5		2
volatility of the exchange rate	2	5	2	4	4	2	1	4	5	3	2	4	5	5	3	4		3	3		4	2	5		2
Political Governance:																									
Political Stability																									
How important is the political stability for doing business and investments?												5	5	5	5	3	5	4	1	5	5	1	4	5	5
Is the political stability a general problem for your members?												5	4	2	5	2	2	4	1	1	5	1	3	5	3
Is the ... a problem for your members?																									
insecurity about political changes	4	5	5	3	3	5	1	4	5	3	1	3	4	0	5	4	4	3	2	1	5	3	3	1	3
missing reliability of politics	2	5	5	4	3	5	2	4	5	3	1	3	4	3	5	4	4	4	1	1	5	3	3	1	3
missing transparency of politics	2	5	5	2	3	5	2	4	5	3	4	2	4	3	5	4	4	4	2	1	5	4	3	1	3
corruption in general	5	5	5	4	3	2	4	5	5	5	5	2	5	3	5	4	4	3	3	5	5	4	3	1	3
Provided infrastructure																									

How important is the infrastructure to do business and investments?												3	5	5	5	3		4	4	5	5	5	5	5	5
Is the infrastructure a general problem for your members?												3	5	5	5	2		4	3	5	5	5	3	5	3
Is the … a hidden factor for your members to do business and investments?																									
expanse of the provided road net / rail / air	3	5	5	3	4	3	1	4	5	2	3	5	5	5	5	2	1	4	3	5	5	5	3	5	2
quality of the road net / rail / air	4	5	4	4	4	3	1	4	5	4	5	5	5	5	5	2		4	3	5	5	5	3	5	2
fees of using the road net / rail / air	2	5	4	4	3	1	1	1	1	1	2	2	5	5	3	2			1	1	5	5	3	5	1
bribes for using the road net / rail / air	4	5	5	4	1	1	1	1	4	3	2	3	5	5	5	4		2	1	1	5	5	3	5	1
access to the water net	4	5	3	5	4	1	5	5	4	5	4	1	5	1	5	2	4	4	2			5	5	5	2
cost of use the water net	4	5	2	5	3	1	5	2	5	5	3	1	4	1	5	2		4	1			5	5	5	2
reliability of access the water net	4	5	1	4	3	1	5	4	5	5	3	1	4	1	5	2		4	1			5	5	5	3
Access to electricity	3	5	4	3	4	3	5	3	5	4	5	2	5	4	5	2		4	3	5	3	2	5	5	2
cost of electricity	4	5	5	3	4	4	3	4	4	5	5	2	5	5	5	4		4	3	5		3	5	5	2
reliability of Access electricity	5	5	2	3	4	5	4	1	4	4	3	1	4	5	0	2		3	3	5	4	5	5	5	4
access to telephone/mobile phone	2	5	2	2	1	1	1	1	2	2	1	5	3	1	4	2		3	1	5	4	4	1	5	3
cost of telephone/mobile phone	2	5	5	4	3	4	1	1	2	4	1	5	3	4	4	4		2	2	5	4	4	1	5	3
reliability of access telephone/ mobile phone	2	5	5	5	1	1	1	1	2	3	2	5	4	4	3	2		2	1		4	4	1	5	4
Access to internet	4	5	5	5	2	5	4	5	5	5	4	2	5	4	2	2		4	3	5	5	4	1	5	2
cost of internet	3	5	5	4	2	3	4	5	5	5	2	2	4	4	3	4		4	1	5	5	5	1	5	2
reliability of internet Access	2	5	5	4	2	2	5	1	4	4	2	2	4	4	3	2		4	2	5	5	5	1	5	2
Access to storage possibilities	5	5	5	4	4	5		5	5	5	4	3	5	4	4	2		4	2		4	5	1	5	3
cost of storage possibilities	5	5	5	5	4	5		5	5	5	3	3	5	4	4	4		4	3		5	5	1	5	3
Access to cooling facilities	5	5	5	4	4	5	5	4	5	5	5	5	5	5	5	4		4	3		5	5	5	5	3

Left column group:

cost of cooling facilities	5	5	5	5	4	5	5	4	5	5	5
Provided public services											
How important are public services to do business and investments?											
Are public services in general a problem for your members?											
Percentage of your members using public services?											
Is the ... a problem for your members to do business and investments?											
Extension services											
lacking supply of extension services	4	1	4	3	2	3	3	5	5	5	4
Which one are missing to favor doing business and investments?											
Access to extension services	4	1	5	1	1	4	2	2	5	4	4
cost of extension services		1	4	3	1	5	1	2	5	5	3
satisfaction with the quality of extension services		1	5	2	1	3	2	4	5	4	3
lacking supply of capacity trainings	5	2	5	3	2	5	2	4	5	4	4
Access to capacity trainings	5	2	5	4	2	1	2	4	5	4	3
cost of capacity trainings		2	5	5	4	5	1	2	5	5	2
satisfaction with the quality of capacity trainings		5	5	3	3	3	2		5	3	2
Which capacity trainings should be provided?											
Access to new technology	5	1	5	4	4	5		5	5	3	5
possibility to finance new technology	5	1	5	5	4	5		4	5	3	5

Right column group:

cost of cooling facilities	5	5	5	5	4		5	3		5		5	5	2
Provided public services														
How important are public services to do business and investments?	1	5	5	5	3		4	1	5	3	1	1	1	3
Are public services in general a problem for your members?	1	5	5	5	2		4	1	5	2	1	1	1	2
Percentage of your members using public services?		4	1	4	2			1		1	1		1	4
Is the ... a problem for your members to do business and investments?														
Extension services														
lacking supply of extension services	5	5	4	5	2		3	4	3	5	5	2	1	1
Which one are missing to favor doing business and investments?		5	4		2					5				
Access to extension services	4	5	4	4	2									
cost of extension services	3	5	4	4	4									
satisfaction with the quality of extension services	4	5	4	3	2		4	1	5	5	2	5	3	4
lacking supply of capacity trainings	5	4	1	4	4		3	2	5	5	1	1	3	5
Access to capacity trainings	5	3	2	4	4		4	3	5	5	1	3	3	3
cost of capacity trainings	4	3	5	5	4		3	3	5	5	3	3	3	3
satisfaction with the quality of capacity trainings	5	3	2	4	2		3	3	5	5	3	3	3	4
Which capacity trainings should be provided?		5			4		3	3	5	5	1	3	3	4
Access to new technology	5	5	4	5	2		4	4	5	5	3	1	1	3
possibility to finance new technology	5	5	4	5	4		4	3	5	5	3	2	1	5

Access to Research & Development	5	3	5	3	3	5		2	4	5	5	5	9	5	5	2		4	5	5	5	5	2	1	5
cost to access Research & Development		5	5	3	3	5		4	4	4	4	5	0	5	5	4		4	5	5	5	5	2	1	4
Quality of Research & Development		5	5	2	2	5		4	2	3	5	5	4	5	5	2		4	5	5	5	5	2	1	5
Business development services																										
supply of business development services		2	5	4	3	5		4		5	4	5	4	5	5	2		4			3	5	2	1	5
Which one are missing to favor doing business and investments?																	4				2			1	
access to business development services		1	5	1	3	5		4		5	3	4	4	5	2	2		3			3	5	1	1	4
cost of business development services		1	5	3	4	1		2		5	4	5	4	5	5	4		3			5	5	1	1	4
satisfaction with the quality of business development services		1	5	4	3	1				4	4	5	4	3	4	2		3			3	5	1	1	3
Financial support by the government																										
supply of financial support	4	1	5	4	4	5		3	5	4	5	5	5	3	5	4		5	4		5	1	1	1	5
which one are missing?																	4							1	
requirement to access financial support by the government												4	5	5	5	4		4	1		4	1	1	1	3
which one are problematic?																								1	
administrative handling to access financial support												3	4	3	5	4			3		3	1	1	1	3
Public - private relationship																										
Indicate the relevance of the public-private relationship to do business and investments in common?													5	3		3		4	2		2	3	5	5	5
How do you rate the public-private relationship concerning your association /organization in 2010												1	5	2	3	3		5	3	5	3	1	5	2	5

How do you rate the public-private relationship today?												4	4	2	4	2		2	4	5	4	1	5	2	3
How important is it for your organization/association to have influence on policy development?												5	5	3	5	3		5	3	5		5	5	5	4
How do you rate your influence in the field of policy development?												3	4	3	5	2			3	5	5	5	5	3	3
Have you contributed in the development of any policy?														1	4	2			3		3	5		4	3
If yes, which policy																									
Regulations/administration, legal environment																									
How important are ... for your members to do business and investments?												5	5	1	5	3		5	1	5	3	4	5	5	5
Are aspects regarding the legal environment, regulations, administration													5	1	5	3		5	2	5	5	4	5	5	5
Is the ... a problem for your members to do business & investments?																									
Regulations																									
regulations in general	2		5	3	1					5	1	5	5	1	4	2		4	1	2	3	1	1	1	1
compliance of regulations	3		5	4	1					5	2	5	5	5	5	2		4	1	2		1	1	1	1
complexity of regulations	2		5	2	1					4	3	4	4	3	5	4		4	1	2	4	1	1	1	1
Fees, taxes and multi-taxes																										
level of fees, taxes and multi-taxes	3	5	5	1	4	1	1	1	2	5	5	1	5	5	5	4		4	1		5	1	1	5	5
Which in especially has a significant negative impact?												1			5			4			5	1			
complexity of fees and taxes	3	2	5	3	4	1	1	1	3	4	3	1	4	4	5	2		3	1		3	1	1	5	
administrational handling of fees and taxes	2	2	5	2	4	1	1			4	3	1	5	4	5	2		4	1			1	1	1	

Índice

I want morebooks!

Buy your books fast and straightforward online - at one of world's fastest growing online book stores! Environmentally sound due to Print-on-Demand technologies.

Buy your books online at
www.morebooks.shop

Compre os seus livros mais rápido e diretamente na internet, em uma das livrarias on-line com o maior crescimento no mundo! Produção que protege o meio ambiente através das tecnologias de impressão sob demanda.

Compre os seus livros on-line em
www.morebooks.shop

Printed by Books on Demand GmbH, Norderstedt / Germany